Der Wankelmotor –
da war doch mal was?

DIETER KLAUKE DIPL. ING.

Der Wankelmotor – da war doch mal was?

*Die Wahrheit einer Erfindung
ist eine Tochter der Zeit*

Leonardo da Vinci

Bibliografische Information der Deutschen Nationalbibliothek
Die Deutsche Nationalbibliothek verzeichnet diese Publikation
in der Deutschen Nationalbibliografie;
detaillierte bibliografische Daten sind im Internet
über http://dnb.d-nb.de abrufbar.

© 2019 Dieter Klauke Dipl. Ing.
Illustration: Hanne Boll
Umschlagdesign, Satz, Herstellung und Verlag:
BoD – Books on Demand

ISBN 978-3-7460-2665-7

Inhalt

Vorwort 9

Prolog 11
   Was bisher über den Wankelmotor geschrieben wurde 11
   Inhalt und Aussagen dieses Buches 13
   Trockene Sachverhalte – gespickt mit passenden Erzählungen
   aus der Wankel-Entwicklungsgeschichte 13
   Der Autor 13
   Erstes Schneemobilrennen in Deutschland –
   kann ein Wankel gewinnen? 15

Erfinder und Erfindungen 21
   Der klassische Erfinder und sein Werk 21
   Es war einmal eine Erfindung 26
   Die Erfindung „Verbrennungsmotor" 27
   Zusammenfassung Erfinder und Erfindungen 29
   Eine Idee wird zum Produkt: Hercules W 2000 31
   Felix Wankel 36
   Erfolg oder Mißerfolg technischer Innovationen 38
   Der Große Test – die Hercules W 2000
   im 50.000 km Dauerlauf 41

Systemvergleich Hubkolbenmotor (Benzin) vs. Wankelmotor 49
   Hauptfunktion eines Verbrennungsmotors 49
   Allgemeine Erläuterungen
   zum thermodynamischen Arbeitstakt 50
   Konstruktiver Vergleich
   4-Takt-Hubkolbenmotor vs Wankelmotor 52
      Brennraumform 52

    Brennraum Oberflächengröße 58
    Funktionsvergleich Hubkolbenmotor vs Wankelmotor 59
        Luft filtern und ansaugen 60
        Kraftstoff-Luft-Gemisch verdichten 61
        Thermodynamischer Arbeitstakt 62
        Auspufftakt und Abgas 64
        Reibungsverluste 67
        Kolbenabdichtung 68
        Massenausgleich und Vibrationen 69
    Wankel bei der Bundeswehr. 72

Kostenvergleich 4-Takt-Hubkolbenmotor vs Wankelmotor 77
    Wesentliche Kosten eines Verbrennungsmotors 77
    Kostenvergleich 4-Takt-Hubkolbenmotor vs Wankelmotor 79
    Entwicklungs- und Lizenzkosten 79
    Investitionskosten 81
    Herstellkosten 82
    Service- und Reparaturkosten 85
    Zusammenfassung Kostenvergleich
    4-Takt-Hubkolbenmotor vs Wankelmotor 87
    Und noch einmal die Bundeswehr.
    Der General und die Hercules W 2000. 89

Wertung der Erfindung „Wankelmotor" 93
    Die Zeiten ändern sich 93
    Die Vorausschau der Insider 95
    Felix Wankels Vision 96

Epilog 97
    Automobile Mobilität und Klimawandel 97
    Zukunftsperspektiven 97
    Alternative Fahrzeugantriebe 98

Wenn eine Erfindung gut genug ist, entwickelt sie Eigendynamik.

Elmar G. Brandschwede
BRABON GmbH & Co KG

Vorwort

Als ich im Sommer 1965 mein Studium in Köln als Dipl. Ing. abgeschlossen hatte, stellte sich für mich wie für meine Kommilitonen die Frage: und nun? Schon während des Studiums wurde mir bewußt, dass mein Interesse eher in Innovationen, neuen Technologien bestand, als in der Verwaltung des Standes der Technik. Ich erinnere mich noch heute sehr gut an den Vortrag eines Aral-Experten zum Abschluß des Studiums über das Thema „Automobilantriebe der Zukunft". Dabei ging es um die althergebrachten Hubkolbenmotoren-, Elektromotoren-, aber auch über Wankelmotoren- und Brennstoffzellen-Antriebe. Damals beeindruckte mich die Zusammenfassung des Vortragenden doch sehr: In den nächsten fünf Jahren würde wohl der Hubkolbenmotor noch dominieren, um dann – Zug um Zug – vom Wankelmotor abgelöst zu werden. Gegen Ende des 20. Jahrhunderts würden die Erdöl-Reserven weitestgehend aufgebraucht sein, so dass bis dahin die Brennstoffzellen-Entwicklung abgeschlossen sein würde und die mobilen Fahrzeuge von Wasserstoff, Brennstoffzelle und Elektromotoren angetrieben würden. Das war 1965. Und heute? Einmal mehr stellt sich die Frage:

Was sind Prognosen wert?

Damals bedeutete der klare Hinweis auf den kommenden Erfolg des Wankelmotors für meine Entscheidungsfindung, dass ich mich für „Sekt oder Selters" entschied: für den Wankelmotor. Und auch wenn es dann doch ganz anders kam als erwartet – ich habe die 12 Jahre Wankelmotorenentwicklung nicht einen Moment bereut – nicht eine Sekunde! Es war die mit Abstand interessanteste Zeit meiner Ingenieur-Laufbahn.

Großen Anteil daran hatten Dipl. Ing. Helmut Keller und Dipl. Ing. Franz Rottmann als Initiatoren, die den SACHS-Wankelmotor auf den Weg gebracht haben. Und ganz besonders meine Wankel-Mannschaft bei SACHS, die 14 Jahre alles gegeben, alles versucht hat, um eine Idee, die Wankelidee, erfolgreich zu machen. Danke dafür an alle Beteiligten.

Gar nicht groß genug kann mein Dank an eine Person sein, die mich während der Wankel-Zeit beruflich zehn Jahre lang begleitet hat, im Erfolg beglückwünscht, im Mißerfolg getröstet – kurz, immer an meiner Seite war:

Frau Hanne Boll, damals noch Fräulein Hanne Hertel
Danke, Hanne!

Dieter Klauke, im August 2018

Prolog

Vor 65 Jahren lieferte bei NSU in Neckarsulm eine vielversprechende Erfindung den ersten Funktionsnachweis auf dem Prüfstand: Der Drehkolbenmotor DM 54, der Vorläufer des Wankelmotors des Erfinders Felix Wankel.

Wankel Drehkolbenmotor DM 54, 125 cm³, 29 PS bei 17000 U/min

Und selten traf für eine Erfindung das klassische Klischee von Euphorie, über Ernüchterung bis zur Enttäuschung so sehr zu, wie auf diese Innovation. Und dafür gab es Gründe.

Was bisher über den Wankelmotor geschrieben wurde

Wiederholt wurde versucht, dieses scheinbare Phänomen zu erklären, die Ursachen für die Erfolglosigkeit zu finden. Es blieb bei Erklärungsversuchen, bei denen immer wieder Ursache und Wirkung verwechselt wurden. Das fiel auch einem technisch versierten Leser auf, der eine ziemlich zutreffende Rezension zu einem dieser Bücher schrieb:

„Der Beginn verrät fast alles: Hubkolbenmotoren seien uralte, längst überholte Antriebe, die nur mittels regelmäßig dazu gestrickter, technischer Krücken überlebensfähig sind. Der Wankel, als Neuheit ja eine Bedrohung für Traditionelles, wäre durch unflexibles Beharrungsvermögen, persönliche Befindlichkeiten und unfaire Machenschaften verhindert worden. Mythen (Wankelmotoren sehen viele in dieser Schublade) besitzen für Menschen höchste Anziehungskraft, insofern verständlich, dass munter daran gestrickt wird, um dieses Prädikat beizubehalten. Und dann noch die Person Felix Wankel: Ein Mann ohne Diplom und Führerschein, der es allen zeigt – die perfekte Rolle in jedem Drehbuch. Dieses Buch unterstützt leider diese Legendenbildung und ist außerdem ein gutes Beispiel dafür, wie man viel Text erzeugen kann, ohne zum Punkt zu kommen.

Felix Wankel kümmerte sich darum, dass sich einzelne Maschinenelemente vorteilhafter bewegen, ließ aber das Wesentliche, die Thermodynamik, außer acht. Er schuf damit für Verbrennungsablauf und Abdichtung ungünstige Brennraumformen; der Wankelmotor ist deshalb gegenüber dem Hubkolbenmotor die schlechtere Wärmekraftmaschine. Kriterien zur Beurteilung sind bspw. Leckgasmenge, Wärmeverluste, Wirkungsgrade und innere Reibung. Vorteile gibt es in den weniger wichtigen Aspekten Massenausgleich, Gewicht und Bauvolumen. Die Zurückhaltung gegenüber dem Wankel ergab sich aus diesen Gründen, die man nicht durch Maßnahmen anderswo kompensieren kann."

(Zitat Ende – der Mann hat in allen Punkten Recht).

Inhalt und Aussagen dieses Buches

Das vorliegende Buch sucht und deckt die Ursachen des fehlenden Markt-Erfolgs der Erfindung „Wankelmotor" auf. Es berichtet im ersten Teil über Erfinder und Erfindungen, über die besonderen, typischen Charaktereigenschaften von Erfindern und über die den Erfolg oder Mißerfolg entscheidenden Kriterien einer Erfindung. Und das unter besonderer Berücksichtigung und Wertung des Erfinders Felix Wankel und seiner Erfindung, des heute als Wankelmotor bekannten Motorkonzeptes. Im zweiten und dritten Teil werden der Hubkolbenmotor und der Wankelmotor in seinen wichtigsten technischen und wirtschaftlichen Funktionen und Eigenschaften miteinander verglichen. Im vierten Teil wird die Erfindung „Wankelmotor" gewertet. Erst diese Gegenüberstellungen führen zu der Erkenntnis über die tatsächlichen Ursachen des Mißerfolgs des Wankelmotors.

Trockene Sachverhalte – gespickt mit passenden Erzählungen aus der Wankel-Entwicklungsgeschichte

Technische Sachverhalte sind eher nüchtern, schwer verständlich und manchmal auch etwas langweilig. Zur Auflockerung sind an passenden Stellen *fünf Erzählungen aus der Wankelmotoren-Entwicklungszeit eingefügt. Teils lustig, teils spannend. Aber immer geht es um Erfolg oder Mißerfolg des Wankelmotors.*

Der Autor

„Autor" ist namensverwandt mit dem Wort „authentisch". Dieter Klauke, der Autor dieses Buches, war zwölf Jahre an vorderster Front am Wohl und Wehe des Wankelmotors beteiligt. 1965 begann der junge Dipl.-Ing. als Versuchsingenieur bei Fichtel & Sachs in der dort eigens gegründeten Wankel-Entwicklungsabteilung. Zwei Jahre später wurde er Versuchsleiter. 1970 wurde er zum Entwicklungsleiter für Wankelmotoren ernannt. Er ist Träger der goldenen Wankel-Ehrennadel, von Felix Wankel persönlich ans Revers gesteckt. Seine Analysen, seine Aussagen sind also authentisch und aus erster Hand.

Später betrieb Klauke zehn Jahre lang zusammen mit seinem Freund und Partner Elmar G. Brandschwede die Brabon GmbH & Co KG in Bonn, deren Unternehmensziel die Förderung, Finanzierung und Umsetzung technischer Innovationen privater Erfinder aus den Bereichen „Energie-Technik" und „Antriebs-Technik" weltweit war und ist. Aus diesem Erfahrungsschatz berichtet er zu Anfang dieses Buches über Erfinder und Erfindungen im Allgemeinen und über Felix Wankel und den Wankelmotor im Besonderen.

Oft hilft der Motorsport einer Erfindung weiter. Als Erprobung, als Test im Vergleich zum Wettbewerb, zur Schaffung eines Image. Und so ist die folgende Geschichte zu verstehen.

Erstes Schneemobilrennen in Deutschland – kann ein Wankel gewinnen?

Unsere Existenz ist in Gefahr! Soeben wurden wir informiert, dass der Vorstand der Fichtel & Sachs AG beschlossen hat, die Wankel-Entwicklungskapazitäten drastisch zu reduzieren. Und zwar von 42 auf 17 Personen. Auch 1969 gab es schon Sparprogramme und Stellenabbau. Ein Führungswechsel sollte auch damit verbunden sein. Ich sollte das jetzt machen. Den Job von bisher 42 Leuten ab jetzt mit 17 erledigen. Wenigstens kann ich mir die 17 Leute aussuchen.

Wir müssen ein Zeichen setzen. Damit alle merken, dass wir noch da sind, damit man wieder über uns spricht. Positiv spricht. Ich bin nun seit fünf Jahren hier. Tatendurstig als frisch diplomierter Ingenieur, ohne Erfahrung aber auch unvorbelastet.

In USA boomt der Schneemobilmarkt. Neue Schneemobilhersteller schießen wie Pilze aus dem Boden – das gibt es nur in Amerika! Einer davon ist Arctic Cat in Thief River Falls, Minnesota. Bill Ness, Firmengründer und Präsident, interessiert sich für Wankelmotoren für seine Arctic Cats. Sein Alu-Schlitten ist Technologieführer auf dem Markt. Das war 1968. Zwei Jahre später lieferten wir serienmäßig einen modifizierten Wankelmotor KM 914 mit ca. 18 PS Leistung.

„Weißt Du wie man Fahrleistung vergleicht?", fragte mich Roger, Arctic Entwicklungschef. Setzte sich auf einen Arctic Panther mit 340 ccm Zweitakter, gab Vollgas – und hielt nach 10 Metern wieder an. „Und nun?" fragte ich. „Warte", sagte er, setzte sich auf einen anderen Arctic Panther mit KM 914 und wiederholte das Spielchen. Dann nahm er einen Maßstab, steckte ihn in den beim Anfahren entstandenen Haufen Schnee hinter dem 2-Takt-Schlitten. „8 inches", sagte er. Und so maß er auch die Höhe des Schneeberges, der beim Beschleunigen hinter dem Wankel-Panther entstanden war. „Du hast gewonnen", sagte er, „12 inches". So lernte ich das Schneemobilfahren während vieler Stunden in USA und auch bei vielen eigenen Versuchen in der Rhön.

„Ob man uns zuläßt", fragten wir Wankel-Leute uns, als die Ausschreibung für das erste Schneemobilrennen in Deutschland vor uns lag. „Und in welcher Klasse?". „Die kleinste Klasse ist die mit 340 Kubik, dafür bewerben wir uns". Das war schnell entschieden. Wir müssen ein Zeichen setzen. Ein Sieg bei diesem Rennen in Hirtenteich/Aalen am 17.1.1970 im Schwabenland – und man würde nicht nur bei Fichtel & Sachs, sondern in der ganzen Branche aufhorchen. Ein Sieg mit 18 PS gegen 340 ccm getunte 2-Takter mit bis zu 50 PS – wie soll das gehen? „Hey", sagte ich zu Versuchsingenieur Walter H. und Konstrukteur Wolfgang B., „wir haben 4 Wochen Zeit, bis dahin brauchen wir einen leistungsgesteigerten KM 914 in einem Arctic „Lynx", dem sportlichsten und leichtesten Arctic Schneemobil. Wir haben gearbeitet, was das Zeug hielt. Zuerst auf dem Papier, dann auf dem Prüfstand. Zuletzt auf der verschneiten Wiese mit dem Schneemobil. „Das sollte reichen", sagte Walter H. zufrieden, und schaute voller Ehrfurcht und Staunen auf seine Stoppuhr. „Gute 40 Kalt-PS und 36 Wankel-PS Beharrung auf dem Prüfstand – jetzt brauchen wir nur noch einen Fahrer". Und auf einmal schauten alle auf mich.

„Start frei für das freie Training der Klasse bis 340 Kubik", tönte es aus den Lautsprechern im Fahrerlager und an der Rennstrecke in Hirtenteich/Aalen. Der Rundkurs war mit ca. 1800 m ziemlich lang, hatte diverse Kurven, zwei Sprunghügel und zwei längere Geraden. 50 m hinter dem Start war die erste 90° Linkskurve.

„Wir müssen sehen, dass wir `ne vernünftige Trainingszeit hinbekommen, damit wir einen Startplatz möglichst weit rechts in der ersten Reihe kriegen", sagte Siegfried M., Meister der Versuchswerkstatt. „I will do my very best", sagte ich. Nach einer weiteren Stunde konnten wir unseren Renner ganz rechts in der ersten Startreihe vor 14 weiteren Konkurrenten aufstellen. Poleposition.

„Wer ist denn eigentlich alles am Start?" „Na ja, eigentlich alles, was in Europa in der Branche Rang und Namen hat", wußte Wolfgang B., „Ilo aus Pinneberg mit zwei Schlitten, Hirth mit zwei, Rotax aus Österreich, drei Yamaha-Schlitten, vier Fahrzeuge aus der Schweiz und etliche Privatfahrer.

Als um 14:00 Uhr zum Rennen der 340 cm³ Klasse aufgerufen wurde, hatten sich rund 50.000 Zuschauer an der Strecke eingefunden. „Mit der schnellsten Trainingszeit auf Platz 1 die Nummer 20, Dieter Klauke aus Schweinfurt auf Arctic Lynx Wankel. Auf Platz zwei ...". Ein Schlitten nach dem anderen fuhr auf seine Startposition. Nur die Nr. 20, unser Renner, wurde auf den 1. Startplatz geschoben. Nanu, war was kaputt? Alle schauten verdutzt. „Wir sollten die Kaltleistung ausnutzen und den Motor erst ein paar Sekunden vor dem Start anlassen", hatten wir entschieden. Fünf Sekunden vor dem Start. Alle Fahrer sitzen auf ihren Fahrzeugen und warten auf das Startzeichen. 14 Zweitaktmotoren heulen in den höchsten Tönen – nur der Wankel der Nr. 20 läuft noch nicht. „Achtung", brüllt der Starter gegen den Motorenlärm und zeigt mit der rechten Hand „noch 5 Sekunden". Ein kurzer Zug am Starterseil des Wankel, der Motor startet sofort – drei – zwei – eins. Und wie die wilde Jagd schießt der Pulk auf die erste Linkskurve zu.

Start zum 1. Schneemobilrennen in Deutschland.
Vorne Klauke auf Arctic-Lynx-Wankel

Jetzt wirkt sich der in den USA gemessene etwas höhere Schneehaufen nach dem Anfahren aus, denn vor der ersten Kurve habe ich genau die eine Länge Vorsprung, die ich brauche, um als erster mit hoher Geschwindigkeit von außen ins Kurveninnere nach links zu ziehen. Was ich nicht sehen kann, ist das wilde Hauen und Stechen des Pulks hinter mir. Und – wie man das oft beim Start des Formel 1 – Feldes sieht – mehrere Konkurrenten kollidieren bereits in der ersten Kurve und finden sich jenseits der Strecke wieder oder fallen ganz aus.

Nach drei von vier Runden habe ich am Sprunghügel einen beruhigenden Vorsprung von ca. 50 m. Der Wankel läuft wie ein Uhrwerk. Er hört sich an, als wüßte er genau worum es ging. Ein kurzer Blick zurück vor der Zieldurchfahrt zeigt mir, dass der Vorsprung gehalten hat. Ein erhebendes Gefühl, wenn man das erste Schneemobilrennen in Deutschland vor 50.000 Zuschauern gewinnt. Aber richtig los geht´s erst beim Absteigen. Alle anwesenden SACHS-Wankelleute kommen angestürmt und wir liegen uns vor Freude in den Armen. Einige versuchen, die Tränen zu verbergen, was nur schlecht gelingt. Natürlich freuen sich auch die Kollegen unseres Hauses von der hin- und hergehenden Zweitakt-„Konkurrenz".

Am Sprunghügel: Klauke mit Arctic Lynx Wankel

Nur die Wettbewerber schauen etwas langsam. Auf dem Treppchen stehen wir dann ganz oben. Zwei Bombardier-Rotax auf den Plätzen 2 und 3, die fair gratulieren. Siegerehrung durch Huschke von Hanstein.

Hatten wir ein Zeichen gesetzt? Wir hatten. Aus USA, wo sich unser Vorstand gerade aufhielt, kam ein Glückwunschtelegramm. Später gab es noch eine betriebliche Ehrung verbunden mit einer Goldmünze.

Erfinder und Erfindungen

Heureka! –ich habe gefunden! Wer hat`s gefunden? Die Schweizer? Ricola? Nein, das ist nur Werbung. Es war Archimedes bei den alten Griechen, der in der Badewanne den Zusammenhang zwischen Wasserverdrängung und Auftrieb gefunden hatte und vor lauter Euphorie splitternackt durch Syrakus gelaufen und „Heureka, Heureka" gerufen haben soll. Seit dem gilt das Wort „Heureka" als klassischer Ausruf von allen, die etwas Neues entdeckt oder erfunden haben. Oder die eine schwierige Aufgabe erfolgreich gelöst haben. Und diese Menschen nennt man Erfinder. Einer von ihnen war Felix Wankel, der Erfinder des nach ihm benannten Wankelmotors.

Der klassische Erfinder und sein Werk

Erfinder lassen sich in zwei Kategorien einteilen. Da ist zunächst der angestellte Erfinder, der im Rahmen seines Aufgabengebietes z.B. als Konstrukteur oder Versuchsmann ständig nach neuen, besseren technischen Lösungen sucht. Hat er eine solche tragfähige Lösung gefunden, kann er in der Patentabteilung, wenn es sich um ein größeres Unternehmen handelt oder von einem Patentanwalt bei kleineren Firmen, ein Schutzrecht anmelden lassen. Bei Nutzung seiner dann patentrechtlich geschützten Erfindung erhält der angestellte Erfinder vom Arbeitgeber für seine außergewöhnliche Leistung eine Arbeitnehmer-Erfindervergütung. Das alles ist im Arbeitnehmererfindungsgesetz in der Fassung von 1957 geregelt. Die Erfindung gehört dem Arbeitgeber.

Die zweite Erfinder-Kategorie sind die freien Erfinder. Hat jemand eine phänomenale Idee zur Lösung eines bestehenden Problems oder einer Aufgabe, kann er diese durch eine Schutzrechtsanmeldung schützen lassen. Dazu bedient er sich eines Patentanwalt- Büros. Alles weitere macht und organisiert der Patentanwalt gegen Bezahlung, soweit es sich um die Formulierung, Verwaltung des Schutzrechtes, Gebrauchsmuster oder Patentes handelt. Die Erfindung gehört dem anmeldenden Erfinder oder, bei mehreren Erfindern, den Erfindern anteilig.

Ein Erfinder, so auch Felix Wankel, ist ein Mensch, der auf Grund seiner persönlichen Eigenschaften eine schöpferische Leistung vollbringt, die darin besteht, eine vorher nicht bekannte Lösung für ein bestehendes z.B. technisches Problem zu ersinnen, die es vorher nicht gegeben hat. Das kann bei weitem nicht jeder. Genauso wie nicht jeder gleich gut Fußball spielen kann wie Messi oder Ronaldo, so kann auch nicht jeder gleich gut neue technische Lösungen erdenken.

Ähnlich weit liegt die Kunst auseinander, erfolgreich neue, bisher unbekannte technische Lösungen zu ersinnen. Es gibt Menschen, die können das eigentlich wenig oder kaum. Zumindest gemessen an denen, die die wahren Genies auf dem Gebiet des Erfindens sind. Erfinder stehen bei weitem nicht so im Mittelpunkt des öffentlichen Interesses wie Fußballer oder Künstler. Es sei denn, es gelingt ihnen, dem erfundenen Produkt ihren Namen zu geben. Z.B. der Fischer-Dübel, der Otto-Motor, Diesel-Motor. Aber wer kennt schon Blanchard, den Erfinder des Fallschirms? Oder wer weiß, dass Markoni den heute überall verwendeten Funk-Verkehr erfunden hat? Oder dass Klauke das beschleunigungsfeste Sicherheitsgurte-Schloß für Schloßstrammer erfunden hat? Genauso wie der Durchschnitts-Klavierspieler oder der Durchschnitts-Fußballer so blieben und bleiben auch die meisten Erfinder seit eh und je in der Öffentlichkeit unbekannt. Nicht so Felix Wankel.

Aber was ist denn ein Erfinder? Welche Stärken, Schwächen, besondere Eigenschaften zeichnen ihn aus, kennzeichnen ihn? In zehn Jahren direkter Zusammenarbeit mit Dutzenden von Erfindern würde ich „den Erfinder" wie folgt beschreiben (Ausnahmen bestätigen die Regel):

Kreativität – Zunächst einmal muß er kreativ sein. Aufgeschlossen für alles Neue ist er bereit und neugierig genug, über den bestehenden „Tellerrand" (das ist der Stand der Technik) hinauszuschauen. Er stellt bestehende Lösungen in Frage, ersinnt neue.

Logik – Er ist in der Lage, analytisch, systematisch und logisch zu denken. Dabei hilft ihm sein bildliches Vorstellungsvermögen, mit dessen Hilfe er auch neue, bisher nicht bekannte Funktionsabläufe geistig nachvollziehen kann.

Konzentration – Dabei ist er bereit und in der Lage, sich voll und ganz auf die Sache, von der er überzeugt ist, zu konzentrieren – bis hin zur Besessenheit. Er ist fixiert auf eine Idee, die die Lösung einer bestimmten Aufgabe darstellt, beschäftigt sich geistig mit ihr, Tag und Nacht. Ein Erfinder ist alt, wenn er morgens nicht mit einer neuen Idee aufwacht. Alles dreht sich bei ihm um diese erfinderische Idee, sie ist äußerst wichtig für ihn. Sehr häufig überschätzt er den Wert seiner erfinderischen Idee und ist überzeugt davon, dass die Menschheit nur auf diese seine Erfindung gewartet hat. Und er wird eines Tages ganz viel Geld damit verdienen. Glaubt er.

Mißtrauen – er behütet seine Idee, seine Lösung, sorgfältig wie die Glucke ihre Küken. Dutzende von Malen läßt er eine Vertraulichkeits-, Geheimhaltungs-Erklärung unterschreiben, selbst von Personen, die er zur Realisierung seiner Idee dringend braucht. Wie eine fixe Idee glaubt er, dass die ganze Welt nicht nur auf seine Erfindung gewartet hat, nein, ganz sicher will man sie ihm bestimmt heute oder morgen stehlen.

Hartnäckigkeit und Sturheit – dazwischen sind die Grenzen fließend. Sturheit – Erfinder beharren stur auf der Richtigkeit ihrer Ideen. Obwohl sie sehr oft vom eigentlichen Fachgebiet wenig verstehen, also

Autodidakten sind, wissen sie ganz genau, dass nur sie eine Sache richtig sehen, obwohl sie keine oder nur selbst angelernte Vorbildung auf dem Gebiet ihrer Erfindung haben – oder gerade deshalb. Warum ist dem so? Weil Insider von vornherein viele denkbare Lösungsansätze aus Kenntnis der Sachzusammenhänge als ungeeignet verwerfen. Nicht so Autodidakten, also auf dem bestimmten Gebiet Ungebildete. Der wahre Erfinder sieht nichts für unmöglich an. Hartnäckigkeit ist die Vorstufe der Sturheit und, im Gegensatz zur Sturheit, äußerst wichtig für den Erfolg einer Erfindung.

Diplomatie – ist für die meisten Erfinder ein Fremdwort. Sehr oft sind Erfinder die absoluten Un-Diplomaten. Es gibt gar nicht so viele Fettnäpfchen, in die der Erfinder nicht immer wieder gern tritt. In vielen Fällen, in sehr vielen Fällen, scheitert eine gut brauchbare Erfindung an diesem diplomatischen Ungeschick. Immer wieder verprellt er ernsthaft interessierte Unternehmer derart, dass diese zum Schluss entnervt sagen: „... alles gut und schön. Und wir würden ja gern ... aber dieser Herr ... unmöglich, nein danke". Das ist sehr oft so. Deshalb braucht ein Erfinder auch jemanden, der ihn führt.

Management – dieser Punkt gehört ein wenig zum vorigen Punkt. Einem Erfinder mit einer guten technischen Lösung für ein bestehendes Problem kann nichts besseres passieren, als dass er zufällig oder mit Absicht jemanden findet, der ihm seine Erfindung abnimmt, um sie an Unternehmen und – je nach dem – in die Öffentlichkeit zu bringen. Wenn der Erfinder die Kraft und Einsicht aufbringt, das zu akzeptieren und der Manager gut ist, erhöhen sich die Erfolgschancen sofort ganz erheblich.

Öffentlichkeitsscheu – ist durchaus bei vielen sehr ausgeprägt, aber längst nicht bei allen.

Geld – und dann sind da noch die ganz wichtigen Finanzen. Bevor nämlich ein Erfinder mit seiner Erfindung Geld verdient, hat der liebe Gott einiges an Investitionen gesetzt. Arm, oft verschuldet, das kennzeichnet viele Erfinder. Von der erfinderischen Idee bis zum Serienprodukt ist es meist ein sehr sehr langer Weg. Das durchschaut der Erfinder meist nicht, weil ihm die Kenntnis fehlt. Schon mit der Schutzrechtsanmeldung wird der Erfinder unverhofft mit einem vierstelligen €-Betrag konfrontiert – nur für den Anfang! Spätere Folgekosten für Auslandsanmeldungen, Prüfungskosten ect. ergeben gern einen fünfstelligen €-Betrag. Und dann entstehen ja auch noch Kosten für Funktionsmusterbau, Prototypen und und und. Höchst selten „kauft" ein interessiertes Unternehmen eine „Idee". Im Regelfall möchten Lizenznehmer am liebsten ein serienreifes Produkt kaufen. Das Mindeste aber ist, dass der potentielle Lizenznehmer die Serientauglichkeit nachgewiesen haben will. Und was das alles kostet!

Gern wird dieser Zusammenhang in einfachen Worten so beschrieben: 1-2% des Aufwandes für die Umsetzung einer Erfindung ist Inspiration – d.h. das Erfinden an sich – und 98 – 99% ist Transpiration. Damit ist die Arbeit und der Aufwand gemeint, die bzw. der notwendig ist, um „im Schweiße des Angesichtes" (Transpiration) aus der Erfindung ein verkaufsfähiges Produkt zu machen. Diesen Zusammenhang sieht der Erfinder gern ganz anders. So ist für ihn die Erfindung das Wesentliche. Der Rest bis zum Serienprodukt, na ja, das muß halt auch noch gemacht werden. So wird bei der Umsetzung einer technischen Idee in ein Produkt als erstes, oft schon bei der Schutzrechtsanmeldung und beim Bau eines Funktionsmusters oder Prototyps, das Geld knapp. Also sucht er Förderer und Geldgeber, die, nachdem sie seine Schulden bezahlt haben, ihn finanziell und organisatorisch unterstützen. Oft nicht zu deren Nachteil. Denn erstens dauert immer alles länger als man denkt und zweitens wird immer alles teurer als man denkt.

Erfinder neigen dazu, in immer wieder neuen Endlosschleifen des Erfindens eines bestimmten Produktes einzutreten – im Bestreben der ständigen Weiterverbesserung der Erfindung. Oft findet er kein Ende. Da ist er gut beraten, wenn Außenstehende einen Schnitt machen. Und ihn davon überzeugen, dass das einfach notwendig ist, um nicht ins Uferlose zu geraten.

Es war einmal eine Erfindung ...

Es ist einfach nicht möglich, ein Datum für eine der größten Erfindungen der Menschheitsgeschichte zu bestimmen. Aber sehr gut nachvollziehbar in Sachen Definition einer Erfindung, sehr gut verständlich und sehr gut zum Wankelmotor passend, ist die Erfolgsgeschichte und deren ungeheure Tragweite für die Menschheit: die Erfindung des – Rades.

Das ursprünglich zu lösende Problem bestand darin, für das Transportieren von Lasten – Menschen, Waren, usw – bisher mit den hin und her gehenden und dabei tragenden Beinen von Lebewesen – Mensch und Tier – eine bessere Lösung zu finden. Wer das Genie war, dem als Lösung dieser Aufgabe das Rad einfiel, ist heute nicht mehr festzustellen. Ein Patentamt gab es noch nicht und mit dem Schreiben auf Pergament war es auch noch nicht weit her. Vielleicht findet man irgendwann einmal im westlichen Afrika, da, wo auch Luzie gefunden wurde, der Wiege der Menschheit also, einmal eine Steintafel, auf der der geniale Erfinder das erste Rad skizziert hat. Und vielleicht sind dann dabei auch irgendwie die üblichen Reaktionen des ursprünglichen Homo Sapiens vermerkt, die sich auch heute noch jeder Erfinder immer wieder anhören muß: „Geht doch sowieso nicht." Zumindest in diesem Punkt hat sich wohl über Jahrtausende wenig geändert.

Worin bestand also die Lösung dieser Aufgabe? Stand der Technik war, Lasten auf menschlichen Schultern zu tragen, bestenfalls auf einer Trage oder in Form einer Sänfte. Die erfinderische Idee bestand nun darin, aus einer Geh-Bewegung mit hin und her gehenden Gliedmaßen eine Drehbewegung zu machen, die Drehbewegung des Rades. Statt des Gehens von Mensch und Tier unter der Last des zu tragenden Gewichtes, wurde die Last nun mit Hilfe der Drehbewegung von Rädern auf einem Karren transportiert. Eine wirkliche Problemlösung bis zum heutigen Tage. Man denke nur an unsere Autos, die heute noch nach dieser genialen Idee funktionieren.

Die Erfindung „Verbrennungsmotor"

Das Rad als Beispiel für eine geniale Erfindung wurde in unserem Zusammenhang aus einem bestimmten Grund gewählt. Und dieser Grund heißt Wankelmotor. Denn im Gegensatz zum Hubkolbenmotor, bei dem die Drehmoment erzeugenden Bauteile wie Kolben und Pleuel ebenfalls hin und her gehen – letztendlich der Dampfmaschine nachempfunden – ist es beim Wankelmotor die ausschließliche Drehbewegung aller an der Erzeugung des Drehmomentes beteiligten Hauptteile. Alles dreht sich – nichts geht hin und her. Letztendlich der Turbine nachempfunden.

Tatsächlich besteht ein Verbrennungsmotor, im Gegensatz zum Rad in unserem Beispiel für eine Erfindung, aus einer Vielzahl von Funktionen. Das Auf- und Abgehen des Kolbens, das Übertragen des Verbrennungsdrucks im Verbrennungsraum über Kolben und Pleuel auf die Kurbelwelle, ist dabei nur eine dieser vielen Funktionen. Oder dem vorgeschaltet die Steuerung des Frischgasstroms über das Einlaßventil nach Menge und Zeit. Direkt vergleichbar mit der Steuerung und das Ausschieben des Abgases durch das Auslaßventil. Das alles sind Neben-Funktionen, die notwendig sind, die eigentliche Schlüsselfunktion, die Basisfunktion des Verbrennungsmotors, möglich zu machen. Nämlich die direkte Umwandlung von chemischer

Energie im Kraftstoff-Luft-Gemisch durch dessen Verbrennung im Brennraum zunächst in thermische Energie, dabei in Druckenergie und letztendlich in mechanische Energie. Und auf diesem letzten funktionalen Schritt, nämlich der Umwandlung von Druckenergie in mechanische Energie, bietet Felix Wankel eine andere, neue, erfinderische Lösung an: Statt des hin und her gehenden Kolbens und einem Pleuel, das diesen Kolben mit der Kurbelwelle verbindet und die Druckkraft auf den Kolben in eine Drehkraft, das Drehmoment, auf die drehende Kurbelwelle überträgt, bietet die Wankel'sche Lösung die direkt vergleichbare Funktion mit nur mehr drehenden Bauteilen an. Diese bestehen aus einem dreieckigen, über eine Verzahnung geführten Kolben und der Exzenterwelle, die man auch Kurbelwelle nennen könnte.

Aber ist die Lösung, die hin-und-her-gehenden Bauteile durch ausschließlich drehende Bauteile zu ersetzen, Selbstzweck? Oder gilt es nicht, auch andere Funktionen in diese Betrachtung mit einzubeziehen? Z.B. die Thermodynamik mit der damit verbundenen Wärmeabfuhr beim so unwirtschaftlichen Verbrennungsverlaufs eines Verbrennungsmotors, bei dem von 100% Wärmeenergie im Kraftstoff gerade mal 0 (Leerlauf) bis max ca. 40% (bester Punkt nach Last und Drehzahl beim Diesel-Motor) genutzt wird, während der Rest als störende Wärmeenergie anfällt, die irgendwie beherrscht und abgeführt werden muss? Gemeint ist hiermit die eigentliche Basisfunktion, nämlich die Umwandlung von chemischer Energie in mechanische Energie, also die thermodynamische Verbrennung.

Oder auch den eigentlichen Gaswechselvorgang? Auf welche Art und auf welchen Wegen wird das Gas, bestehend aus Kraftstoff und Luft, durch den Motor transportiert? Wie und mit welchen Hilfseinrichtungen wird er gesteuert?

Oder auch ganz simpel die Beherrschung der im Motorbetrieb auftretenden Kräfte? Gemeint ist die Beherrschung der Gas- und mechanischen Kräfte, wie sie im Motorbetrieb auftreten.

Oder auch so etwas Einfaches wie die geometrische Gestaltung des Brennraumes. Und der damit verbundenen völlig andersartigen hochsensiblen Abdichtung desselben.

Diese Dinge waren für Wankel als Erfinder des Kreiskolbenmotors zunächst zweitrangig, standen nicht im Mittelpunkt seines Interesses. Dort stand mit Priorität eins: mache aus einer Hin- und Her-Bewegung eine Dreh-Bewegung. Alle anderen damit systembedingt verbundenen Besonderheiten, meist Nachteile, waren zunächst zweitrangig. Das war auch nicht sonderlich verwunderlich, denn davon verstand der Erfinder Wankel nicht allzu viel. Was er davon wußte waren die Kenntnisse eines Autodidakten. Und einen dementsprechend niedrigen Stellenwert hatten diese für ihn als Erfinder. Wirkungsgrad? Schadstoffe im Abgas? Mußten sie auch nicht, denn zu der Zeit hatten sie auch nicht annähernd die Bedeutung, die sie heute haben. Er war fixiert auf die neue technische Lösung, durch die eine hin und her gehende Kräfteübertragung durch eine rotierende ersetzt wurde. Das beschäftigte ihn Tag und Nacht. Über viele Jahre.

Und es waren genau dies die Punkte der Thermodynamik, die bei der Darstellung der Erfindung nach außen eher nur am Rande gestreift oder aber überhaupt nicht gewertet wurden. Wer spricht in einer solchen Situation schon gern über die systembedingten Nachteile? Zumindest kein Erfinder. Denn seine eigenen Fehler muß er nicht suchen. Das übernimmt ganz sicher der Rest der Welt.

Zusammenfassung Erfinder und Erfindungen

Zusammenfassend können wir festhalten, dass Erfinder und ihre Werke Wegbereiter der evolutionären Entwicklung des Fortschrittes waren und sind. Ganz ohne sie würden wir noch in Höhlen wohnen, Mammute jagen und Beeren sammeln. Gleichzeitig wurden im Laufe der Menschheitsgeschichte viele Irrwege beschritten, Try and Error, die angegangen und später wegen Erfolglosigkeit oder wegen besserer technischer Lösungen wieder in der Versenkung verschwanden. Fehlschläge sind in der Evolution normal und notwendig. Sie sind manchmal lehrreicher als Erfolge.

Welchen Stellenwert Erfindungen in unserer Gesellschaft haben, sehen wir an der ständig steigenden Zahl von Schutzrechten, Gebrauchsmustern sowie Patenten. Alles lauter neue meist technische Lösungen – eben Erfindungen.

Felix Wankel war einer dieser kreativen Erfinder. Was seine Erfindung des Wankelmotors „wert" war, wie sie sich im Vergleich zum Stand der Technik, nämlich dem Hubkolbenmotor, schlägt – technisch und wirtschaftlich – das sehen wir in den nächsten Kapiteln. Kann sie die Hauptkriterien des Wertes einer Erfindung erfüllen? Ist sie besser und billiger?

Wie in der Wirtschaft ein Produkt entstehen kann, das erzählt die folgende Geschichte der Entstehung des Motorrades Hercules W 2000 – ein Mittelklasse-Motorrad mit 27 PS-Wankelmotor.

Eine Idee wird zum Produkt: Hercules W 2000

„Dann können wir ja die BMW R 29 mit unserem KM 914 jetzt auch vor der Versuchswerkstatt zeigen, statt immer nur heimlich hinter der Werkstatt", sagte der „alte Fritz", Kurt F., der Senior-Versuchsmechaniker, zu mir. Schon lange vor dieser Zeit hatten wir „unter der Werkbank" eine BMW R 29 mit einem KM 914 statt des 250er-Einzylinder-Viertakters ausgerüstet. Die Versuchung, herauszufinden, wie so etwas funktioniert, war viel zu groß! Und überhaupt: Sind nicht sehr viele gute Produkte zunächst „unter der Werkbank" entstanden? Und die Ergebnisse der Heimlichtuerei waren – erstaunlich positiv! Natürlich war der Gewinn des Schneemobilrennens im Betrieb in aller Munde in diesen Tagen. Und auch die Einstellung unseres Vorstandes Erich Kronauer zu einem Motorrad mit Wankelmotor. Er war selbst Motorradfahrer. Aus „unter der Werkbank" wurde ein offizielles Projekt.

„Das Ding geht wie Sau", stellte Lothar G., ebenfalls Versuchsmechaniker, nach einer kurzen Fahrt im Werksgelände fest. „Schraub mal `ne rote Nummer dran", sagte ich zum alten Fritz, „ich nehme sie heute abend mal mit nach Hause". Gesagt – getan. Durch die Einzylinder-Viertakt-Kickstarter-Übersetzung war das Anwerfen zwar etwas mühsam, aber es gab ja auch noch den Reversierstarter. „Ich glaube darauf könnte man aufbauen, ein wirklich gelungenes Funktionsmuster", sagte ich am nächsten Morgen im Wankel-Entwicklungskreis zu meinen Kollegen. „Trotz der nur 18 PS könnte man bei den Fahrleistungen durchaus mit den 250ern mithalten, glaube ich". „Sind halt Wankel-PS, das wissen wir doch noch vom Schneemobilrennen", konnte sich Siegfried M., Meister der Versuchswerkstatt, nicht verkneifen.

Hercules W 2000 Prototyp

Recht hatte er, denn Leistungsangabe in PS sagt noch längst nicht alles über Fahrleistungen aus. „Nur der Leerlauf und der untere Teillastbereich – einfach unkultiviert, einfach grausam!" gehörte auch zum Fahreindruck. „Da hätte ich eine Idee", sagte Versuchsingenieur Walter H. aus Bamberg. „Ich hatte kürzlich mal ne beschädigte Trochoide mit einer Undichtigkeit in der langen Achse. Dem Motor fehlte zwar einiges an Leistung auf dem Prüfstand, aber der Leerlauf und das Teillastverhalten waren deutlich besser", wußte er zu berichten. „Tausche Leistung gegen Laufkultur? Trotzdem, den Weg sollten wir mal untersuchen", sagte ich.

Unsere Freunde bei Hercules mit Heinz R. als Entwicklungsleiter waren in der Zwischenzeit auch nicht untätig gewesen und hatten ebenfalls einen frühen Prototyp eines Wankel-Motorrades aufgebaut, bei dem Motor und Getriebe als mittragendes Rahmenteil verwendet wurden, wie es viel später bei den BMW-K-Modellen in der Serie realisiert wurde. Dieses Fahrzeug hatten wir zu dieser Zeit gerade in Schweinfurt. Und schon am nächsten Tag stand diese Früh-W 2000 mit zwei 12 mm-Bohrungen in der Trochoide, nach außen verschlossen mit zwei 12 mm-Gewindestopfen.

„Herr Klauke, Herr Klauke, kommen Sie schnell raus, dieser Leerlauf ..." Eigentlich war das Motorrad in 3 – 4 m Entfernung im Leerlauf gar nicht mehr zu hören, so absolut rund und aussetzerfrei lief der Motor. „Sei-denweich!" war wohl die beste Beschreibung. „Das kann kein anderer!" war die einhellige Meinung der umstehenden Leute. „Damit sollten wir uns weiteren Kredit beim Vorstand holen", stellte jemand fest. Nichts leichter, als einen technisch interessierten Vorstand mit so etwas zu begeistern. „Toll, macht weiter so", war die Meinung von Vorstand Erich Kronauer, nachdem er den sagenhaften Leerlauf erlebt hatte.

„Aber die Leistung ist weg – und die Startbarkeit ist miserabel" wußte Walter H. zu berichten. Konstrukteur Wolfgang B. stützte den Kopf schwer in die Hand. Das tat er immer, wenn er nachdachte. „Ich werde mir ne Lösung einfallen lassen, ich denke da an ein membrangesteuertes System, das auf der Einlaßseite im Teillast- und Leerlaufbetrieb Mitteldruck wegnimmt und dadurch das Laufverhalten verbessert", sagte er nach einer Weile und

verschwand nach oben an sein Reißbrett. „Und nicht vergessen, Wolfgang. Wir brauchen nicht nur einen besseren Leerlauf, sondern wir brauchen auch 50 % mehr Leistung als der KM 914". „Kein Problem", sagte er, „wir hatten doch schon 36 PS beim Schneemobilrennmotor. Wenn wir da alle Spezialitäten rausnehmen, die serienmäßig nicht darstellbar sind, sollten 27 PS schon übrigbleiben". Das heißt, Erfahrungen aus dem Rennsport auf Serienprodukte zu übertragen. Geht doch!

Nun darf man die Motorrad-Welt Anfang der 70er Jahre nicht mit heute vergleichen. Die Zweizylinder Honda CB 250 war im Markt sehr verbreitet, auch die Yamaha RD 350. Auch Suzuki hatte eine 250er und 500er Zweitaktmaschine, die GT-Modelle – mit RAM-Air-Zylinderkopf. Kawasaki war mit einer 3-Zylinder-2-Takt-Maschine mit 500 ccm und 60 PS dabei. Hercules und Zündapp hatten je eine 125er im Programm und von Honda gab es die CB 750 mit 4 Auspufftöpfen! Und die CB 400 kündigte sich an – mit nur einem Auspuff „four in one". Das nennt man Marketing. Und mit noch einem Wettbewerber sahen wir uns konfrontiert: unseren eigenen 1-, 2- und 3-Zylinder-2-Takt-Motoren, als gebläsegekühlte Schneemobilmotoren bekannt, jetzt fahrtwindgekühlt im Motorrad. Aber ein Problem hatten alle Sachs-Alternativen gemeinsam: alle brauchten ein Getriebe. Eine Entwicklung machte einfach aus der Not eine Tugend: man übernahm einfach die Keilriemenvariomatik vom Schneemobil, kombiniert mit einem 340 cm^3-1-Zylinder-2-Takter – und fertig war die Rokon. Etwas gewöhnungsbedürftig war allerdings das Starten mit dem Handstarter ...

Wie häufig in so einer Projektsituation ist zunächst alles – ziemlich unklar. Welcher Motor sollte es denn sein? Wankel oder Zwei- oder Dreizylinder-Zweitakt? Und wenn Wankel, luftgekühlt oder flüssigkeitsgekühlt? Jeder hat da so seine eigenen Favoriten. Meiner war eine Wankelbaureihe: 250 cm^3/27 PS, Einscheiben; 2 x 250 cm^3/50 – 60 PS Zweischeiben; und 3 x 250 cm^3/90 – 100 PS als Dreischeibenmotor – alle mit flüssigkeitsgekühltem Mantel (Seitenteile luftgekühlt, weil ca. 70 % der anfallenden Wärme am Mantel anfällt) – innen gasgekühlt. Quer zur Fahrtrichtung eingebaut. Und angegossen ein Getriebegehäuse mit Primärtrieb und 6-Gang-Getriebe;

Kettentrieb zum Hinterrad. Aber die Probleme fingen schon an mit unserer Wankellizenz von NSU. Die lautete nämlich auf „luftgekühlt/innen gasgekühlt" – flüssigkeitsgekühlt war in der Lizenz leider nicht enthalten. Verhandlungen wären nötig gewesen wegen der Flüssigkeitskühlung. Sicherlich eher ein lösbares Problem.

„Nun sind wir mal realistisch", sagten die Kaufleute und Mitentscheider. Das sagten sie immer, wenn's ums Geld ging. „Wer soll das denn bezahlen?" Und dieser Satz verfolgte uns Entwickler von morgens bis abends. „Wir sollten einen modifizierten vorhandenen Motor nehmen." Zu der Zeit hatten die Japaner bei ihren vergleichbaren Motorrädern einen Kalkulationsvorsprung von mindestens 33 % und mehr. Es war wie ein Kampf gegen Windmühlen! Oder David gegen Goliath. Diesem Umstand fielen die schönsten Ideen zum Opfer. „Wenn wir den luftgekühlten Motor schon längs legen, sollte es wenigstens ein Kardan sein!" „Wenn ihr ein vorhandenes Kardan-Getriebe am Markt findet ..., das würde passen!" Wir haben mit BMW gesprochen, wir haben Moto Guzzi besucht. Mit Getrag (Getriebe-Hersteller) haben wir lange verhandelt. Das Ergebnis war immer dasselbe: Entweder das Getriebe hat nur 4 Gänge, oder – und das galt für alle – es war zu teuer. Und dann war es doch da, das Ei des Kolumbus: Ein Kegelradsatz von Klingelnberg und ein Getriebesatz mit 6 Gängen von Rotax aus Österreich in einem eigenen, von Hercules gebauten Gehäuse.

Und nach einer Reihe zwischenzeitlich gebauter Prototypen der verschiedenen Entwicklungsstufen mit unterschiedlichen Antriebskonzepten stand sie eines Tages da, die erste echte W 2000. In der Versuchswerkstatt von Hercules, auf einem 50 cm hohen Tisch. Drumherum standen etwa 8 – 10 Herren in Anzügen und mit Krawatte, die Entscheider von SACHS und Hercules, und schauten voller Andacht und Respekt auf dieses Motorrad, das Heinz R. mit seiner Mannschaft auf die Beine gestellt hatte: die erste wirkliche W 2000. Noch heute klingen mir die Worte von Hans-Ullrich W., F&S-Entwicklungsleiter, in den Ohren, nachdem der Anblick dieses beeindruckenden Schaustücks längere Zeit, schweigend, auf uns alle eingewirkt hatte: „Das ist sie, und so wird sie gebaut"! Hercules-Geschäftsführer B., Heinz R., Karl-Heinz Sch. und wer sonst noch dabei war, nickten zustimmend, als Hans-Ullrich W. in die Runde schaute. Und ich nickte auch, als er mich prüfend ansah. Denn er kannte das von mir favorisierte und von ihm selbst unterstützte Konzept einer flüssigkeits-gekühlten Motoren- und Motorradbaureihe, wir hatten oft darüber diskutiert. Aber auch ich nickte. Weil mir klar war, dass bei einer solchen Entscheidung immer alle Kriterien berücksichtigt werden müssen und nicht nur die der Entwickler. Und hier besonders die Kosten.

Hercules W 2000 Serie 1973

Die Entscheidung war gefallen – der Rest war zwar anstrengend, aber Routine. Detailzeichnungen entstanden, Stücklisten wurden geschrieben. SACHS in Schweinfurt und Hercules in Nürnberg arbeiteten Hand in Hand – vorbildlich, wie ich meine. Die IFMA wurde vorbereitet, der Service bei den Händlern aufgebaut. Eines Tages lief die erste W 2000 vom Band. Aus einer Idee war ein Produkt geworden. Und wenn ich damals auch vieles für möglich gehalten hätte – aber dass 40 Jahre später in Deutschland immer noch 150 Stück Hercules W 2000 zugelassen sein würden – nein – das haben wir damals weiß Gott nicht ahnen können.

Felix Wankel

Und wie läßt sich der Erfinder Felix Wankel bei den Erfindern einordnen? Ja, er war ein klassischer Erfinder, der weitestgehend in dieses Charakterbild paßt. Er verkörperte die meisten dieser Eigenschaften. Und hatte das Glück, Menschen und Unterstützer an seiner Seite zu haben, die ihn kannten und deshalb seinem Erfinder-Charakter entsprechend mit ihm umzugehen verstanden. Neben anderen sind hier besonders drei Männer zu nennen: Ernst H. und Wilhelm K. waren schon vor dem 2. Weltkrieg mit Wankel als seine Förderer freundschaftlich verbunden. Beide nicht ohne eigene Interessen. Und auf der Seite der Unternehmen war es Wolf-Dieter B., Leiter Motorenkonstruktion bei Mercedes Benz, der Wankel gut kannte, ihn auch verstand, seine erfindertypischen „Schrullen" akzeptierte und gern auch einmal über die speziellen Eigenheiten eines Erfinders hinweg sah. Vornehmlich Ernst H. war es dann aber, der ihn mit einem geeigneten, d.h. innovativen und aufgeschlossenen Automobilhersteller zusammenbrachte, die für Wankel vorteilhaften Verträge schloß und ihn wie ein Manager betreute. Mit NSU in Neckarsulm Anfang der 1950er Jahre – NSU war Mitte der 50er Jahre der Welt größte Motorradhersteller – fand sich ein Autobauer, der sich für Wankels revolutionäre neue Antriebstechnikideen erwärmen konnte und bereit war, Zeit und Geld zu investieren. Und mit diesem Schritt waren die ersten 1 – 2% der Verwirklichung bis hin zum verkaufsfähigen Serienprodukt

Felix Wankel

geschafft. Ab diesem Moment trat der Erfinder Felix Wankel, teils freiwillig, teils unfreiwillig, mehr und mehr in den Hintergrund.

Ein sehr deutliches Beispiel für dieses Ausscheiden des Erfinders nach Übernahme seiner Erfindung durch eine Betriebsorganisation wird beispielhaft bei Maybach deutlich. Noch als die von ihm bei Fa. Daimler konstruierten Benzin-Verbrennungsmotoren äußerst erfolgreich waren und die Geschäftsleitung dieses Konzept des Benzin-Motors als einzige Lösung weiter verfolgen wollte, begann Maybach mit der Entwicklung eines Benzin-Dampf-Motors – zum Leidwesen der verantwortlichen Manager. Wegen seiner Verdienste richtete man ihm zunächst noch ein „Erfinderbüro" ein, womit man ihn weitgehend von der Weiterentwicklung des Benzinmotors isolierte. Wenig später schied er gänzlich aus dem Unternehmen aus. Das klassische Schicksal eines begnadeten Erfinders, der nicht aufhören konnte, zu erfinden.

Felix Wankel ging es ähnlich, wenn auch nicht ganz so rustikal. Überwiegend zu seinem Leidwesen, was für einen Erfinder nicht verwunderlich ist. Denn Wankel selbst hatte in der Vergangenheit immer auf den Drehkolben-Motor gesetzt, der sich sehr deutlich vom Kreiskolbenmotor unterschied. Seine Vorstellung bestand von Anfang an darin, ein Antriebskonzept zu erfinden, das, was Arbeitsdrehzahl und Wirkungsgrad betraf, irgendwo zwischen Hubkolbenmotor und Turbinentriebwerk lag. Auf Grund der Ergebnisse von Probeläufen mit einem Funktionsmuster-Drehkolbenmotor war ihm das auch gelungen. Mit Blick auf eine spätere Serienfertigung als Automobilantrieb ergaben sich durch die angestrebten hohen Drehzahlen von bis zu 30.000 U/min neue Probleme, die u.a. darin bestanden, dass es bei den Zulieferern keine geeigneten Nebenaggregate gab, die zu diesem Drehzahlniveau paßten. So war es die Entscheidung von NSU, dem einfacheren Kreiskolben-Motor mit Drehzahlen ähnlich Hubkolbenmotoren den Vorzug zu geben. Wankel selbst hatte darauf schon keinen nachhaltigen Einfluß mehr. Wie sehr er als Erfinder darüber verärgert war, zeigt ein Satz von ihm, der an die NSU-Leute gerichtet war: „Ihr habt aus meinem Rennpferd einen Ackergaul gemacht".

Aus Sicht des Innovations-Managements war mit dem Übergang der Erfindung vom Erfinder Wankel auf das Industrie-Unternehmen NSU ein wichtiges Zwischenziel erreicht: Die Erfindung eines Einzelerfinders war in der Wirtschaft angekommen.

Erfolg oder Mißerfolg technischer Innovationen

Als Erfindung, wie auch die des nachfolgend analysierten Wankelmotors, bezeichnet man eine i.d.R. zunächst geistig-schöpferische Leistung beginnend mit einer Idee. Diese Idee orientiert sich an einer Aufgabe, an einem Problem, häufig technischer Art. Oft besteht der Lösungsansatz darin, eine bereits bestehende Lösung durch eine neue, möglichst bessere, zu ersetzen. Wenn diese neue Lösung dann auch noch wirtschaftliche Vorteile hat, erfüllt sie damit die beiden für den Erfolg einer Innovation alles entscheidenden Kriterien: idealerweise sollte die neue Lösung BESSER und BILLIGER sein als die alte. Ist das der Fall, ist der Erfolg der neuen Lösung kaum mehr aufzuhalten. Später werden wir sehen, dass es ganz so einfach dann doch nicht ist. Denn, was ist das: BESSER? Und was ist das: BILLIGER?

Alle anderen Einflußgrößen wie die Medien, persönliche Sichtweisen von Unternehmensvorständen, öffentliche Einrichtungen, Gesetzgeber usw sind zwar durchaus von Bedeutung, kommen aber erst später, nach der eigentlichen Erfindung, zum Tragen. Zunächst entscheidet sich die Erfolgschance an den beiden Kriterien BESSER und BILLIGER. Auch wenn dies nur zwei Schlagworte sind und deren Anwendung auf eine neue Produktidee oder technische Lösung nicht schwarz/weiß betrachtet werden darf, so muß sich eine neue Lösung dennoch an diesen beiden Kriterien messen. So kann eine neue technische Lösung durchaus gleich teuer oder sogar geringfügig teurer sein als die bisherige. Entscheidend ist dann, dass sie entsprechend wesentlich, nachhaltig, besser ist als die bisherige Lösung. Später werden wir sehen, wie sich der Wankelmotor als neue technische Lösung für den Fahrzeugantrieb und bei anderen Anwendungen am Hubkolbenmotor messen läßt.

Neben diesen beiden Bewertungskriterien „besser und billiger" steht einer neuen Lösung eine weitere Hürde im Weg. Und das ist der Bestandsschutz, das „Establishment" der bestehenden. Und hier spielen zwei Zusammenhänge entscheidende Rollen.

Bestehende technische Lösungen haben eine Geschichte. Sie haben eine zeitliche Historie, während der Fehler beseitigt, sowie ständige Weiterentwicklungen und Optimierungen vorgenommen wurden, kurz, sie haben einen Reifeprozeß durchlaufen. Der so erzielte Reifegrad wurde von Menschen erzeugt, die hinter ihrem Produkt, hinter genau dieser technischen Lösung stehen. Sie verteidigen sie, weil sie mit ihr groß geworden sind und sie bis ins letzte Detail kennen – und stehen jeder neuen Lösung zunächst einmal mindestens äußerst kritisch, skeptisch und oft sogar ablehnend gegenüber. Das ist menschlich und ganz normal.

Daran gemessen haben es neue technische Lösungen vom Grundsatz her schwer. Sie haben kaum Lobby, sind noch unausgegoren, müssen ihren Platz im technischen Umfeld erst finden. Ihnen fehlt zwangsläufig der Reifegrad bestehender Technik. Und dieser Umstand bildet eine Hürde für die neue Technik, die es erst einmal zu überspringen gilt. D.h., dass die neue Lösung gegenüber der alten Technik so deutlich „besser" sein muss, so viele Vorteile bieten muß, dass sie diese erste Hürde schafft.

Gern wird darauf verwiesen, dass der Einfluß, die Sichtweise der Medien, das persönliche Wohlwollen von Entscheidungsträgern, die Akzeptanz der Politik entscheidend für den Erfolg oder Mißerfolg einer Erfindung sei. Sicherlich hat all das Einfluß auf die erfolgreiche

Einführung eines neuen Produktes in den Markt. Aber all das ist nicht die Ursache eines Erfolges, sondern viel eher die Wirkung in Form von schnellerem oder langsamerem Markterfolg. Der Einfluß all dieser Einrichtungen auf den Erfolg eines neuen, innovativen Produktes ist zweifellos gegeben. Ihn aber für das Wohl oder Wehe eines Erfolges zu nennen, ist dann doch etwas zu kurz gegriffen. Ursächlich und entscheidend für einen Erfolg ist die Frage, ob das neue Produkt in den wesentlichen und wichtigen Funktionseigenschaften um soviel besser ist, als die bisherige Technik, die es abzulösen gilt.

Wenn die neue technische Lösung dann auch noch wirtschaftliche Vorteile in Bezug auf Herstellung und Betrieb hat, sind die beiden Grundvoraussetzungen für einen Markterfolg gegeben. Wobei „besser" auch die Eigenschaften Zuverlässigkeit und Lebensdauer beinhaltet. Erst wenn diese Voraussetzungen sicher, nachweislich und reproduzierbar erfüllt sind, wird das oben genannte Umfeld bestehend aus Medien, persönlichen Animositäten Einzelner, seinen Teil dazu beitragen, den Markterfolg zu beschleunigen oder zu verzögern.

Ganz schlimm und praktisch tödlich für die neue Lösung wird es in dem Moment, wenn deren Unausgereiftheit nach außen sichtbar, im Markt bekannt wird. Im Markt sind immer Kräfte wirksam, die nur auf Fehler, die zu Reklamationen führen, warten, diese ausschlachten, verbreiten. Und auch wenn immer wieder versucht wird, durch Verbesserungen die im Markt bekannten Fehler abzustellen: Es ist zu spät! Die neue Technik ist unwiderruflich so stark belastet, dass es sehr sehr lange dauert, bis der Markt wieder Willens ist, die neue Lösung zu akzeptieren, zu kaufen. Wenn überhaupt, denn verloren gegangenes Vertrauen in ein neues Produkt wiederzufinden, ist so ziemlich das Schwerste, was man sich in einer solchen Situation denken kann! Sehr oft gibt der Hersteller dieser neuen Technik resigniert auf. Entweder aus Frustration und Erkenntnis, dass die Reputation zerstört ist oder auch aus wirtschaftlichen Gründen. Oder auch deshalb, weil die im Unternehmen aktiven Gegner der neuen Technik –

die es immer gibt – sich durchsetzen mit den Worten: „Ich war ja schon immer dagegen..."

Wie sich unser Innovations-Produkt „Wankelmotor" in diesem Umfeld darstellt, werden wir später im Detail analysieren. Und wie sich das neu entwickelte Motorrad Hercules W 2000 diesen Bedingungen stellte, auf welches Umfeld es traf, das geht aus folgender Geschichte hervor.

Der Große Test – die Hercules W 2000 im 50.000 km Dauerlauf

Die Euphoriephase für den Wankelmotor weltweit spielte sich in den 60-er und Anfang der 70-er Jahre ab. Felix Wankel hatte die Umsetzung seiner Ideen an Ernst H. abgegeben, der die Vermarktung mit größtem Geschick und Erfolg umsetzte. Erfinder selbst sind dazu in den seltensten Fällen in der Lage. Häufig stehen sie der Nutzung ihrer Erfindung eher im Wege.

Ernst H. gelang es, in relativ kurzer Zeit NSU, Curtiss Wright, Mercedes Benz, Fichtel und Sachs, Toyo Kogyo (heute Mazda) und später weitere, für die Wankelidee zu gewinnen. In den Lizenzverträgen war ein Passus enthalten, der alle Lizenznehmer verpflichtete, dem „Wankel-Pool" beizutreten, mit dem Ziel des Austausches von Versuchsergebnissen und der kostenlosen Nutzung weiterer Schutzrechte untereinander. Sinn und Zweck dieser Vereinbarung war das Senken von Entwicklungskosten und Abkürzen von Entwicklungszeit.

Dieser Wankel-Pool traf sich bei NSU in Neckarsulm. Bei einem dieser Meetings hatte ich Gelegenheit, einen frühen Ro 80 zu fahren – und war sofort begeistert. Wenngleich bei Insidergesprächen mit Versuchsleuten durchsickerte, dass man dort durchaus noch Probleme mit der Zuverlässigkeit des Motors sah. Und so kam, was kommen mußte: Es gab reichlich Ärger mit dem Motor in der Serie – tatsächlichen und herbeigeredeten. Dieser Ärger führte im Markt zu erheblichem Image-Verlust des Wankels an sich und blieb bei weitem nicht auf NSU begrenzt.

„Na, der wievielte Motor ist denn da drin", konnte man schon mal hören, wenn man Anfang der 70-er Jahre mit einem Hercules W 2000 Versuchsmotorrad unterwegs war. Und dabei wurden gern mal drei oder fünf Finger gehoben für die Anzahl der ausgetauschten Motoren. „Heini", dachte man sich dann, „hat keine Ahnung, aber redet dumm daher". Dachte man. „Ach was, wir haben unseren eigenen Motor, dabei kommt so etwas nicht vor", das sagten wir von SACHS, weil es nicht nur unsere Sprachregelung war —sondern unsere Überzeugung.

HWB. (rechts) und der Autor am Nürburgring

„Gesundreden reicht hier nicht, wir müssen etwas tun – wir müssen den Beweis antreten, dass unsere Motoren wirklich standfest sind". Das war`s, die Idee für den 50.000 km-Test war geboren.

HWB steht für Hans Werner B., zu der Zeit ein renommierter, anerkannter Motorenmann, ehemals BMW. Den holten wir dazu, um der Sache *die nötige Seriosität zu geben.* Ernst Leverkus (Klacks) und Horst Briel von der Zeitung „PS" waren sofort Feuer und Flamme und sagten uns uneingeschränkte Unterstützung zu. „Wer macht's? Wer leitet das Projekt?" Zunächst einmal ging es um die Standfestigkeit des Motors – und weniger ums Fahrzeug. Also waren wir von SACHS aufgerufen und weniger unsere Freunde von Hercules. „Herr M., wie wär`s mit ihnen?". Siegfried M. war Meister und Leiter der Versuchswerkstatt, eigentlich dort unabkömmlich. Aber diese Sache war wichtig genug. „Ok, ich mach´s".

„Sie müssen etwas Besonderes machen", sagte HWB, „zum Beispiel: wie lang ist der Benzinfaden, der aus der Hauptdüse kommt?" Na ja, das ist doch einfach: 40.000 km, wenn ich einmal um die Welt fahre. Damals konnte ich nicht wissen, dass Hans-Heinrich D., ein Wankel-Enthusiast und W 2000-Fahrer im positivsten Sinne, das nicht nur wörtlich nehmen würde, sondern den Sprit-Faden noch erheblich länger spinnen würde als einmal um die Welt. HWB: „Herr Klauke, wenn sie das wissen. Aber können Sie mir auch sagen: Wie entsteht ein Stau? Nein, ich meine nicht so, ich meine rein mathematisch." Das war HWB`s Hobby. Wie entsteht ein Stau. „Das geht mich nichts an", pflegte ich dann zu sagen, „ich fahre Motorrad und habe mit Staus nix zu tun".

So hatten wir das Team für die Durchführung zusammengestellt und einen Fahrplan entwickelt. Kernstück war eine Serien-W 2000, deren Motor wir zwar vorher sorgfältig geprüft hatten, der aber ansonsten völlig serienmäßig war. „Wenn wir den Aufwand schon treiben, sollten wir noch ein paar Versuchsträger zusätzlich mitfahren lassen". Also wurden zwei weitere W 2000 mit Versuchsmotoren ausgerüstet und bereitgestellt. Unter einem Blitzlichtgewitter wurde der Motor der Kern-W 2000 von HWB mit einer Plombe der Nürburgring GmbH verplombt.

„So, das wär´s", sagte HWB, „nun kann´s los gehen". Ziel war also, mit der Kern-W 2000 50.000 km zurückzulegen. Davon sollten die ersten 10.000 km auf normalen Landstraßen mit Stadt-, Überland- und Autobahnverkehr sein. Dazu ausgewählt wurde ein Rundkurs in Mittelfranken. Das ging problemlos. Für die weiteren 40.000 km – einen Benzinfaden einmal um die Welt legen – hatten wir die Nordschleife des Nürburgrings gemietet.

„Mein Gott, wo kriegen wir bloß die ganzen Fahrer her?" Das war nicht nur ein Kosten-, sondern vor allen Dingen ein organisatorisches und versicherungstechnisches Problem. Aber mit Hilfe von „PS" gelang auch das. Zum Schluß hatten wir Polizisten, Köche, Studenten – kurz junge Leute aus vielen Berufen, einfach begeisterte Motorradfahrer, die teilweise ihren Urlaub opferten, um dabei sein zu können. Und nachdem sich alles einmal richtig eingespielt hatte, ging es Runde um Runde bei Sonnenschein und Regen. Immerzu. Tag und Nacht. Wochen für Woche.

Fahrereinweisung am Nürburgring

Siegfried M. und seine Leute leisteten ganze Arbeit. Ab und zu ließen sich auch die Honoratioren von PS, Fichtel & Sachs, Hercules und HWB höchstpersönlich sehen.

Einmal pro Woche, meistens am Wochenende, fuhr ich selber in die Eifel, um mir ein Bild vom Fortgang der Dinge zu machen. Gewohnt habe *ich dann immer im „Hotel Tribüne", gleich gegenüber Start und Ziel. An diesem Abend drehte ich selbst ein paar Runden und freute mich darüber, wie problemlos das Motorrad lief. „Wer fährt heute Nacht?" fragte ich Siegfried M. „Zuerst der Bäcker zwei Stunden, dann ist der Polizist dran. Und ab 1:00 Uhr übernimmt Lothar G.". Lothar war Versuchsmechaniker von uns aus der Werkstatt in Schweinfurt, ein zuverlässiger, engagierter junger Mann. „Ok, dann ziehe ich mich mal zurück. Gute Nacht, bis morgen früh."*

Wenn man dann so im Bett lag, bei offenem Fenster, war die Eifel völlig ruhig. Kein Geräusch war zu hören. Nur knapp alle viertel Stunde näherte sich zunächst ganz leise, dann langsam lauter werdend, von der Antoniusbuche Richtung Start und Ziel kommend, das typische W 2000 Geräusch. Schwellte dann wieder etwas ab durch die Südkehre, wurde wieder lauter auf der Gegengeraden, um dann Richtung Hatzenbach ganz abzuklingen.

Offensichtlich registrierte man diesen Vorgang auch im Unterbewußtsein. Denn plötzlich fuhr ich aus dem Schlaf hoch – das viertelstündliche Geräusch war ausgeblieben! Ein Blick zur Uhr zeigte mir, dass es zwanzig vor zwei war. Hatte ich mich getäuscht? War was kaputt? Oder ein Unfall? Hastig sprang ich in meine Kleider und lief zu den Boxen. „Was ist los? Ist was passiert?" „Wir wissen es auch noch nicht. Lothar ist seit einer halben Stunde überfällig." Nein, bitte nicht! Bitte nicht jetzt, so kurz vorm Ziel! „Der Transit ist schon unterwegs." Eine weitere nervenaufreibende halbe Stunde später sahen wir zwei Scheinwerfer am Horizont auftauchen. Beim Näherkommen sah ich Lothar mit schmerzverzerrtem Gesicht auf dem Beifahrersitz des Transit. „Sch...., in der Hatzenbach – die Rechtskurve – abgestiegen – mein Knöchel – muß wohl kurz eingenickt sein – ....". „Ab ins Krankenhaus nach Mayen". Und nun die W 2000 hinten im Transit. Ausgeladen und auf den Rädern, Gras und Acker auf der rechten Seite entfernt, sah es gar nicht mehr so schlecht aus. „Eine Fußraste haben wir dabei. Und einen Handbremshebel auch." In einer halben Stunde war bereits alles repariert. Bei einer Proberunde zeigte sich, dass wir Glück im

Unglück gehabt hatten: das Motorrad lief wie vor dem Unfall – Gott sei Dank. Eine Hercules W 2000 bringt eben so leicht nichts um. Und Lothar auch nicht. Seine Verletzung erwies sich als eine Verstauchung des rechten Knöchels – kein Bruch. Noch mehr Gott sei Dank!

Die restlichen Kilometer bis zur Marke 50.000 km verliefen wieder problemlos. Und als die Zielflagge fiel, fiel auch die Spannung von allen Beteiligten ab. Geschafft. Ein hartes Stück Arbeit. Aber es hatte Spaß gemacht.

Lothar G. auf W 2000 nach 50.000 km im Ziel!

„Und nun kommt der Moment, wo der Elefant ins Wasser rennt", sagte Hans Werner B. (HWB) neben dem ausgebauten und verplombten Motor stehend, den Seitenschneider in der Hand. Ernst Leverkus und Horst Briel mit schußbereiter Kamera daneben. Wie die Hautevolee von F&S und Hercules in Anzug und Krawatte. Ein Schnitt, ein Klick und HWB hatte die Plombe in der Hand. „Her damit, die hätte ich gern", sagte ich. Und die Plombe verschwand für die nächsten 30 Jahre in meinen Portemonnaie. Irgendwann habe ich sie dann doch verloren – schade.

Zwanzig Minuten später waren alle Gehäuseschrauben entfernt und alle warteten voller Spannung auf den Moment, wo Siegfried M. das Seitenteil-Endseite abnahm. „Ahhhh," tönte es durch die Runde, als der Blick auf einen makellosen Kolben fiel. Einige Bogenleisten und Dichtbolzen klebten von Öl benetzt am Seitenteil – alles so, wie es sich gehörte. Der Exzenter hatte etwas Farbe angenommen – aber alles machte einen tadellosen Eindruck

PS berichtete in den Folgeausgaben ausführlich und mit vielen Bildern der Motorteile und der beteiligten Personen.

„Sollen wir jetzt als Gruß der W 2000 Fahrer unterwegs die erhobene rechte Faust einführen?" fragte ich Klacks und Briel. „Wofür das denn?" „Na ja, als Zeichen für 0 Austauschmotoren".

Alle lachten.

Systemvergleich Hubkolbenmotor (Benzin) vs. Wankelmotor

Hauptfunktion eines Verbrennungsmotors

Voraussetzung für ein erfolgreiches Motor-Prinzip ist ein gut funktionierendes thermodynamisches System. Es ist die alles entscheidende, wichtigste Funktion in einem Verbrennungsmotor. Hierbei wird die im Kraftstoff enthaltene chemische Energie in Form von Kohlenwasserstoff-Molekülen bei der chemischen Reaktion mit Sauerstoff, also bei der Verbrennung, zunächst in Wärmeenergie und Druckenergie und dann über ein mechanisches Getriebe (Kolben, Pleuel, Kurbelwelle beim Hubkolbenmotor oder Kolben, Exzenterwelle beim Wankelmotor) in mechanische Energie umgewandelt. Weil das der Sinn und Zweck des ganzen Systems ist, ist es die Hauptfunktion eines Verbrennungsmotors mit innerer Verbrennung. Alle anderen Funktionen wie Ansauggemisch-Bildung und -Steuerung, Abgas-Steuerung, Kraftübertragung ect. sind zwar erforderlich, um die Hauptfunktion zu bewerkstelligen, in der Gewichtung bei der Beurteilung eines Verbrennungsmotors aber von geringerer Wertigkeit. Das wird ausgerechnet heute besonders deutlich, weil die Politik den Tod des Verbrennungsmotors am Ergebnis der Verbrennung im Motor, nämlich an den Abgaskomponenten CO_2 (Kohlendioxid = Klimagas) und NOx (Stickoxid), fest machen will.

Allgemeine Erläuterungen zum thermodynamischen Arbeitstakt

Zum besonderen Verständnis der nun folgenden wichtigen Zusammenhänge sind einige weitergehende Erläuterungen zu den physikalischen und konstruktiven Besonderheiten beider Motor-Prinzipien erforderlich.

Ein Verbrennungsmotor mit innerer Verbrennung funktioniert theoretisch wie jeder thermodynamische Vorgang nach dem sog. Carnot-Prozess (am besten vergessen Sie den Namen gleich wieder). Bei Verbrennungsmotoren wird in der Praxis das sog P-V-Diagramm benutzt, wobei das P für Druck im Brennraum/Zylinder steht, und das V für das durch den Kolben größer und kleiner werdende Volumen, Hubvolumen oder Hubraum genannt. Der Arbeits-Prozeß wird in einem Diagramm dargestellt, auf dessen X-Achse der Druck im Brennraum dargestellt ist und auf dessen Y-Achse das durch den bewegten Kolben kleiner und größer werdende Volumen, das Hubvolumen, aufgezeichnet ist.

Dieses P-V-Diagramm ist sowohl für Hubkolbenmotoren als auch für Wankelmotoren anwendbar. Es macht deutlich, dass sich mit dieser Art der inneren Verbrennung nur eine begrenzte Menge der aus der chemischen Energie des Kraftstoffs bei der Verbrennung stammenden Druckenergie in mechanische Energie umwandeln läßt. Dies sind beim Benzin- (also Otto-Verfahren) Motor maximal ca. 33% der eingesetzten chemischen Energie und beim Diesel-Verfahren wegen seiner höheren Verdichtung etwa max. ca. 40%. Immer vorausgesetzt, die Verbrennung erfolgt einigermaßen vollständig. Der Rest der im Kraftstoff steckenden Energie, also 60 – 70%, fällt als Wärme an, die irgendwie kontrolliert und abgeführt werden muß. Schad drum!

Auch wenn die Verbrennung in einem Viertaktmotor bei 6000 U/min in der unvorstellbar kurzen Zeit von nur 5 tausendstel Sekunden abläuft, ist das immer noch eine Verbrennung und keine Explosion.

Beim Verbrennen frißt sich die durch den Zündfunken in Gang gebrachte Flammenfront solange durch das angesaugte und im Zylinder eingeschlossene Kraftstoff-Luft-Gemisch in Windeseile durch, bis – hoffentlich – das letzte Kohlen- bzw Wasserstoff-Molekül sein Sauerstoffmolekül gefunden hat, d.h. zu CO_2 und H_2O, also Wasser, verbrannt ist. Und obwohl die dafür zur Verfügung stehende Zeit so wahnsinnig kurz ist, klappt das trotzdem ziemlich gut. Bis auf einen lausig kleinen Rest, der es dann doch nicht ganz schafft, vollständig zu verbrennen. Übrig bleiben ein paar unverbrannte Kohlenwasserstoffe und statt CO_2, was heute in aller Munde ist, bildet sich zusätzlich das unvollständig verbrannte und gefährliche CO. Kleine Reste. Und dann ist da ja auch noch jede Menge Stickstoff als natürlicher Anteil unserer Umgebungsluft dabei, das auch an der Verbrennung teilnimmt. Sollte es eigentlich nicht, aber leider bilden sich unter Druck und Temperatur sogenannte Stickoxide. Und je höher der Druck ist (Diesel-Motoren), um so höher der Stickoxid-Anteil im Abgas. Leider ist das Zeug giftig und schwer nachzubehandeln. Das ist der Grund, weshalb VW zu einem einfachen Trick gegriffen hat. Man schaltet im Betrieb die Nachbehandlung des Abgases in Sachen Stickoxide einfach ab. Eine solche Maßnahme ist von Behörden und Staat eher weniger gern gesehen. Und ist deshalb nach Bekanntwerden VW im Besonderen und dem Dieselmotor im Allgemeinen heftig auf die Füße gefallen.

Was bei der Betrachtung des Wirkungsgrades gerne vergessen oder hintenangestellt wird ist der Umstand, dass es sich bei den genannten Zahlen um den maximalen (!) Wirkungsgrad handelt, der nur in einem Punkt von Drehzahl und Druck im Zylinder erreicht wird. Ist Druck oder Drehzahl höher oder niedriger als in diesem einen Punkt, fällt der Wirkungsgrad mehr und mehr ab. Bis er im Leerlauf des Motors, ganz gleich bei welcher Drehzahl, bei 0% Wirkungsgrad angekommen ist. Im Leerlauf wird das zugeführte Kraftstoff-Luft-Gemisch lediglich zur Überwindung der Reibungsverluste im Motor und ein bißchen zum Antrieb der notwendigen Nebenaggregate verwendet – plus der zwangsläufig dabei anfallenden Abwärme und Abgaswärme.

Diese Wärmeabfuhr aus dem Verbrennungsprozeß, ganz gleich ob Zweitakt-, Viertakt- oder Wankelmotor, ganz gleich ob beim maximalen Wirkungsgrad oder bei Wirkungsgrad 0%, erfolgt zunächst über die umgebenden Gehäusewände des Brennraumes. Auch die Reibungswärme des gleitenden Kolbens im Zylinder (Gehäuse) sowie die Reibungswärme der vielen Lagerstellen und Reibungsflächen von Kolben, Nockenwelle und Kurbelwelle, wird zunächst an die beteiligten Bauteile abgeführt. Ein kleiner Teil dieser gesamten Wärme wird als Strahlungswärme an die Umgebung abgegeben, während der Löwenanteil entweder durch Anblasen dieser Gehäuseteile durch Luft (z.B. der luftgekühlte Motor des VW-Käfer) oder über Kühlflüssigkeit und Kühler an die Atmosphäre abgegeben wird. Auch das Motoröl, das zur Schmierung der diversen Lagerstellen und des Kolbens und Zylinders benötigt wird, nimmt einen Teil der abzuführenden Wärme auf und gibt diese entweder über die Oberfläche der Ölwanne oder über einen Ölkühler an die Umgebung ab. Der Rest an überschüssiger Wärme geht mit dem Abgas über den Auspuff verloren.

Konstruktiver Vergleich
4-Takt-Hubkolbenmotor vs Wankelmotor

Brennraumform

Der ideale Brennraum hätte die Form einer Kugel, in deren Mittelpunkt der Zündfunke das Kraftstoffluftgemisch anzündet. Von hier aus erreicht die Flammenfront in kürzester Zeit absolut gleichmäßig die Gehäusewände. Das Kraftstoff-Luft-Gemisch wird nahezu vollständig und in kürzester Zeit verbrannt. MAN versuchte diesem

Verfahren bei Dieselmotoren durch einen nahezu kugelförmigen Brennraum im Kolben nahe zu kommen (M-Verfahren).

Doch was ist schon ideal in dieser Welt? Beim Hubkolbenmotor, ganz gleich ob Viertakt- oder Zweitakt-Motor, bildet der heute in der Regel flache Kolbenboden den unteren Teil des Brennraumes, während der obere Teil, beim Viertaktmotor bedingt durch die Unterbringung von zwei bis sechs Ventilen pro Zylinder und die Zündkerze, eher dachförmig ausfällt. Als Ergebnis dieser Kompromisse ergibt sich ein kreisrunder Brennraum mit einer dachförmigen Kontur als Brennraumform im Zylinderkopf. Das Durchbrennen des angesaugten Frischgases verläuft, wenn die Zündkerze einigermaßen im Mittelpunkt der kreisrunden Kolbenfläche angeordnet ist, zwar nicht ideal, aber immerhin kommt der Verbrennungsverlauf im Sinne der Brenndauer und –geschwindigkeit dem Ideal durchaus nahe.

Ein weiteres Kriterium besteht darin, dass der Zündfunke so weit in den Brennraum vorgezogen werden kann, dass er das eingeschlossene Gemisch direkt, unmittelbar und damit ohne Verzögerung anzünden kann.

Was ist das Gegenteil von Ideal? Der Brennraum beim Wankelmotor ist weit, sehr weit entfernt vom Ideal. Er ist langgestreckt, schmal, kantig und zudem durch die Einschnürung der Trochoide im oberen Totpunkt in zwei Teile unterteilt. So beträgt die größte Entfernung zweier Punkte im Brennraum eines Hubkolbenmotors mit 300 ccm Hubraum ca. 72 mm, während sie bei einem Wankelmotor gleichen Hubraums ca. 142 mm beträgt. Und der ist beim Wankelmotor also ca. 100 % länger als beim Hubkolbenmotor.

Es gibt mehrere Gründe, warum es die Flammenfront im äußerst ungünstig geformten Brennraum des Wankelmotors nicht schafft, das Frischgas im Verbrennungsraum in der zur Verfügung stehenden Zeit vollständig zu verbrennen. Da ist zunächst der längere Brennweg bis in den letzten Winkel des Brennraumes. Das ist aber nicht einmal das Entscheidenste. Viel wichtiger für den schlechten Wirkungsgrad

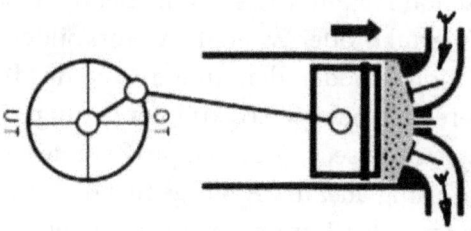

Viertaktmotor: Brennraum (grün) mit homogener gleichmäßiger Gemisch-Verteilung

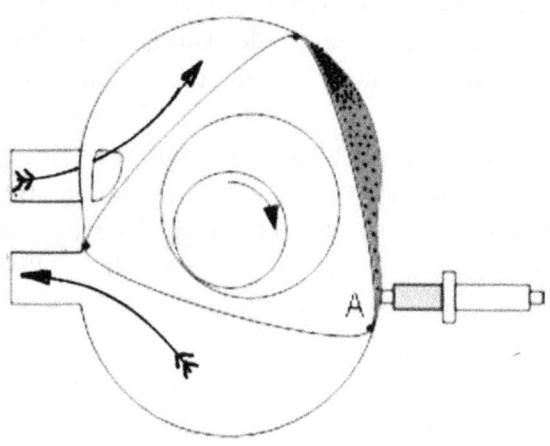

Wankelmotor: Brennraum (grün) mit stark unterschiedlicher Gemisch-Verteilung

Brennraumform und Gemischverteilung im 4-Takt-Motor / Wankelmotor

des Wankelmotors ist der Prinzip bedingte Umstand, dass das Kraftstoff-Luft-Gemisch mit höchster Geschwindigkeit durch den ganzen Motor geschossen wird. Denn dabei passiert das, was wir im täglichen Leben überall beobachten können: die fetten, schweren Anteile bleiben zurück, die leichten sind ganz vorne. Was heißt das nun und warum ist das so wichtig für Verbrennung und Wirkungsgrad? Das Kraftstoff-Luft-Gemisch ist nur in einem bestimmten Verhältnis zueinander brennbar. Zu viel Luft und zu wenig Kraftstoff – man nennt das ein mageres Gemisch – läßt sich nicht oder nur sehr schwer anzünden. Dasselbe gilt für zu fettes Gemisch, bei dem zu viel Kraftstoff und zu wenig Luft vorhanden ist. Auch das brennt nicht gern oder nur extrem träge. Und genau von diesen beiden Gemischen – zu fett und zu mager – haben wir beim Wankelmotor zu viel. Viel zu viel. Im Bild ist diese Situation dargestellt. An der in Drehrichtung des Motors vorlaufenden Kolbenspitze, in dem engen Zwickel, haben wir das leichte, zu magere Gemisch, im hinteren Zwickel, also an der nachlaufenden Kolbenspitze, haben wir das zu fette Gemisch. Nach dem Anbrennen des Gemisches durch den Zündfunken geht die Verbrennung zwar von der Mitte des Brennraumes zügig los, wird aber, je weiter die Flammenfront fortschreitet, immer träger. Oder es brennt gar nicht. Und schon öffnet die vorlaufende Kolbenkante den Auslaßkanal, nur leider ist die Verbrennung längst noch nicht abgeschlossen. Eine ganze Menge unverbranntes Kraftstoff-Luft-Gemisch wird durch den Auslaßkanal in den Auspuffkrümmer und dann in den Auspuff verschoben. Wo es nun endlich, doch leider zu spät, restlos abbrennt. Dabei bringt es den Auspuffkrümmer und meist auch noch den Schalldämpfer zur Weißglut. Die Flammenfront hat es leider nicht geschafft, in der zur Verfügung stehenden Zeit vollständig durchzubrennen, also diesen längeren Weg zurückzulegen und die unterschiedlichen Kraftstoff-Luft-Gemisch-Konzentrationen vollständig zu verbrennen. Erst im Auspuff verbrennt der verbleibende Rest des Kraftstoff-Luft-Gemisches.

Weil es so wichtig für das Verständnis ist, warum der Wankelmotor gegenüber dem 4-Takt-Hubkolbenmotor die schlechtere Wärmekraftmaschine ist, hier den entscheidenden Ablauf noch einmal mit anderen Worten. Durch die hohe Strömungsgeschwindigkeit des durch den Wankelmotor transportierten Gases, erlischt die Flamme u.U. förmlich. Jedenfalls in der einen oder anderen kritischen Stelle im kantigen, eckigen, schmalen Brennraum. Das gilt besonders für die engsten Ecken und Spalten, die von der Flammenfront manchmal gar nicht erreicht werden. Und das, obwohl beim Wankelmotor bei gleicher Motordrehzahl doppelt soviel Zeit für die Verbrennung zur Verfügung steht wie beim 4-Takt-Motor. Besonders dramatisch macht sich dieser Effekt bei hohen Drehzahlen bemerkbar, bei der eben nur ein Bruchteil der Zeit zur Verbrennung zur Verfügung steht. Die Folge ist, dass die Abgastemperatur massiv ansteigt, weil unverbranntes Gas nach Öffnen des Auslaßkanals in den Auspuff geschoben wird und erst hier verbrennt. Das führt zu einem feuerrot glühenden Auspuffkrümmer, und, was noch schlimmer ist, der Wirkungsgrad verschlechtert sich entsprechend und der Kraftstoffverbrauch steigt entsprechend an.

Im besonderen Maße trifft dies auf das zu fette Kraftstoff-Luft-Gemisch im sog. nacheilenden Zwickel des Brennraumes zu. Beim vorlaufenden Zwickel des Brennraumes ist das zwar auch unschön, aber hier ist das Kraftstoff-Luft-Gemisch zu mager, d.h es hat nur wenig Kraftstoff, der sinnlos verpufft. Richtig schlecht macht den Wirkungsgrad der hohe Kraftstoffanteil im hinteren Brennraumzwickel, der ungenutzt in den Auspuff verschoben wird, erst dort verbrennt und den Wirkungsgrad dadurch versaut.

Der japanische Autohersteller Mazda hat als einzige Firma der Welt seit den 70er Jahren des letzten Jahrhunderts trotz dieser prinzipiellen Nachteile des Wankelmotors, diesen ständig weiterentwickelt. Und zwar mit Erfolg. So haben sie durch einen ziemlich einfachen Trick dafür gesorgt, dass der Wirkungsgrad zwar nicht so gut wie beim 4-Takt-Hubkolbenmotor wurde, aber doch immerhin deutlich besser. Der Trick besteht darin, dass sie den Abgasstrom nicht radial aus der Trochoide oder dem Mantel austreten lassen, wobei, wie oben beschrieben, das zu fette Kraftstoff-Luft-Gemisch unverbrannt direkt ausgeschoben wird, nein, statt dessen lassen sie das Abgas seitlich durch einen Kanal im Seitenteil austreten. Auf diese Weise wird das fette Gemisch nicht in den radial austretenden Kanal zwangläufig in den Auspuff geschoben, sondern das im Zwickel unverbrannte Kraftstoff-Luft-Gemisch wird mit in die nächste Runde des Motorumlaufs transportiert. Sehr gut erkannt! Dadurch sinkt die Abgastemperatur und der Wirkungsgrad wird besser. Gut gemacht. Auch wenn die Werte des 4-Takt-Hubkolbenmotors auch damit nicht erreicht werden.

Erschwerend kommt beim Wankelmotor zusätzlich hinzu, dass der Brennraum im oberen Totpunkt durch die Einschnürung der Trochoide in der kurzen Achse in zwei Hälften getrennt ist. U.a. um diesem Nachteil zu begegnen, waren bei der ersten Serie des Ro 80 Wankelmotors zwei Zündkerzen pro Scheibe angeordnet: eine vor und eine hinter der Einschnürung. Wenn man so will, eine Zündkerze pro halben Brennraum. Diese Anordnung wiederum hat den Nachteil, dass beim Überfahren der zwei Zündkerzenbohrungen in der Trochoide durch die Dichtleiste für einen kurzen Moment wegen der unterschiedlichen Drücke in den beiden benachbarten Kammern, Gas von einer in die andere Kammer überströmt. Ein sehr unschöner Effekt. Andere Hersteller, z.B. wir bei Sachs, haben von Anfang an die – nur eine – Zündkerzenbohrung in der Trochoide dorthin gelegt, wo in den beiden benachbarten Kammern beim Überfahren der Bohrung durch die Dichtleiste etwa gleich hoher Druck herrscht. Dadurch konnte die Zündkerzenbohrung relativ groß ausgeführt werden, was wiederum das Anbrennen des Gemisches im Brennraum durch den Zündfunken erleichterte. Weil beim Wankelmotor die Zündkerze gegenüber dem Brennraum zurückliegen muß, ergibt sich im Bereich des Zündfunkens so etwas wie eine kleine Vorkammer. Aus dieser kleinen Vorkammer muß zunächst das verbrannte Gas vom vorigen Arbeitstakt durch das nachfolgende Frischgas ausgespült und neu mit zündfähigem Frischgas gefüllt werden, das seinerseits vom Zündfunken angezündet wird. Und erst von dort schreitet die Flammenfront verzögert fort in den eigentlichen Brennraum.

Zusatz-Information am Rande: Die systembedingte Form des Wankel-Brennraumes macht die für Dieselmotoren notwendigen Verdichtungsverhältnisse von 15:1 und mehr praktisch unmöglich. Weshalb anfangs der Wankeleuphorie gemachte Versuche, aus dem Wankel einen Diesel zu machen, sehr bald wieder als nicht sinnvoll ad acta gelegt wurden.

Fazit: Brennraumform

Die Brennraumform beim Hubkolbenmotor ist für die innermotorische Verbrennung und den thermodynamischen Verbrennungsvorgang ungleich günstiger als die komplizierte mehrteilige Brennraumform beim Wankelmotor. Mit massiven negativen Folgen für die Verbrennung des Frischgases im Wankelmotor. Das hat überdeutliche Folgen zum Nachteil für Wirkungsgrad, Verbrauch, Schadstoffe im Abgas und nicht zuletzt für die Abgastemperatur.

Brennraum Oberflächengröße

Der Vergleich der Oberflächen der Brennräume des oben genannten Hubkolbenmotors (300 ccm Hubvolumen) mit dem eines vergleichbaren 300 cm^3 Wankelmotors führt zu einem ähnlichen Nachteil des Wankelmotors. Es soll bei der Verbrennung möglichst viel Wärmeenergie in Druckenergie umgewandelt werden und möglichst wenig

Wärme an Gehäusewände verloren gehen. Je größer aber die Fläche der Gehäusewände des Verbrennungsraumes ist, um so größer ist die Wärmemenge, die über diese Fläche während der Verbrennung abgeführt wird. Leider ist, systembedingt, die Vergleichsfläche beim 300 cm³ Wankelmotor bis zu etwa 4 x so groß als bei einem vergleichbaren 300 cm³ Hubkolbenmotor.

Fazit: Brennraum Oberflächengröße

Die um ein mehrfaches größere Brennraumoberfläche des Wankelmotors gegenüber einem vergleichbaren Hubkolbenmotor belastet die Wärmebilanz des Wankelmotors.

Soviel zu dem, was im Brennraum eines Viertakt-Hubkolbenmotors und eines Wankelmotors im Betrieb passiert.

Funktionsvergleich Hubkolbenmotor vs Wankelmotor

Der Ablauf der Funktionen eines Verbrennungsmotors läßt sich untergliedern in den Ansaugtakt, den Verdichtungstakt, die Verbrennung des Kraftstoffes, dem der Arbeitstakt folgt und der Auspufftakt. Diese einzelnen Funktionen wollen wir nachfolgend für die beiden Motorprinzipien Hubkolbenmotor und Wankelmotor vergleichen.

Und zwar in der Reihenfolge der Abläufe. Das gilt auch für die untergeordneten, aber dennoch erforderlichen Funktionen, wie Luft-Filterung, Reibung / Schmierung der bewegten Bauteile, Kühlung, Dichtheit des Brennraumes, innere Reibung und Abgasführung.

Luft filtern und ansaugen

Beim Viertaktverfahren geschieht das Luftansaugen dadurch, dass das Einlaßventil geöffnet wird, der Kolben sich im Zylinder nach unten bewegt, dabei Unterdruck erzeugt und dadurch Luft durch den Luftfilter ansaugt, diese mit Kraftstoff vermischt (entweder im Vergaser oder im Ansaugrohr oder bei Direkteinspritzung im Brennraum) und durch das geöffnete Ventil in den Zylinder leitet. Wieviel Luft im Zylinder ankommt, hängt dabei von der Stellung der Drosselklappe – also der Stellung des Gaspedals – ab. Im Leerlauf ist es wenig, bei Vollgas viel. Das geht alles ziemlich plötzlich, ruckartig, heftig vor sich, nämlich über nur eine halbe Kurbelwellenumdrehung. Und dabei entsteht ein Geräusch – das Ansauggeräusch. Nachdem der Kolben im unteren Totpunkt angekommen ist, schließt das Einlaßventil. Ruhe ist.

Dieser ganze Vorgang läuft beim Wankelmotor anders ab. Hier öffnet der Kolben bei seiner Drehbewegung einen Kanal, vergrößert dabei gleichzeitig das Kammervolumen. Unterdruck entsteht und Luft wird durch den Luftfilter angesaugt und in die sich vergrößernde Kammer gesaugt. Das geschieht über eine ganze Exzenterwellenumdrehung. Sobald das maximale Kammervolumen erreicht ist, öffnet bereits die nächst folgende Dichtleiste (Umfangseinlass) mit der nächst folgenden Kolbenecke die Ansaugöffnung für die nächste Kammer, die dann ebenfalls mit Frischgas gefüllt wird. Hat diese Kammer ihr Maximum erreicht, folgt die nächste Kammer, usw usw. D.h., das Ansaugen der zur Verbrennung notwendigen Frischluft erfolgt nicht ruckartig wie beim Hubkolbenmotor sondern relativ gleichmäßig. Das dabei entstehende Ansauggeräusch ist gering.

Fazit: Luft filtern und ansaugen

Wir sehen also, dass das Ansaugen des Frischgases beim Wankelmotor ungleich gleichmäßiger verläuft, als beim Hubkolbenmotor.

Dadurch kann der Luftfilter kleiner bemessen werden, der Aufwand zur Verringerung des Ansauggeräusches ist geringer. Und das dabei entstehende Ansauggeräusch ist wegen der gleichmäßigeren Luftströmung naturgemäß wesentlich geringer als beim Hubkolbenmotor. Hier punktet der Wankelmotor.

Kraftstoff-Luft-Gemisch verdichten

Das vom Motor angesaugte Kraftstoff-Luft-Gemisch besteht aus kleinsten Tröpfchen, die zum Teil an den Wänden der Ansaugkanäle und des Verbrennungsraumes verdampfen und zum Teil in Tröpfchenform im Verbrennungsraum ankommen.

Beim Hubkolbenmotor wird das angesaugte Gemisch, wenn es einmal im Zylinder angekommen ist, beim Aufwärtsgehen des Kolbens stationär, also ohne weiteren Transport des Kraftstoff-Luft-Gemisches, verdichtet. Das im Zylinder eingeschlossene Kraftstoff-Luft-Gemisch wird nach dem Schließen des Einlassventils gleichmäßig im Zylinder bis zum Erreichen des oberen Totpunktes des Kolbens komprimiert.

Im Gegensatz dazu wird beim Wankelmotor das in die Kammer angesaugte Gemisch, ähnlich wie in einer Zentrifuge, durch Drehbewegung in Richtung oberer Totpunkt transportiert und zwar mit ganz erheblichen Strömungsgeschwindigkeiten. Dieser Vorgang findet von Takt zu Takt in einer Zeit von wenigen 1000-stel Sekunden statt. Und weil die Gemisch-Teilchen eine Masse haben, sortiert sich das angesaugte Kraftstoff-Luft-Gemisch in schwer und leicht. Die schweren, trägen Teilchen bleiben hinten im Brennraum, hinken sozusagen der Transportbewegung hinterher, die leichten Teilchen orientieren sich nach vorne, in Drehrichtung gesehen, im Brennraum (Siehe Bild). Wenn das Ganze nun kurz vor dem oberen Totpunkt angekommen ist, also unmittelbar bevor der Zündfunke das komprimierte Kraftstoff-Luft-Gemisch anzündet, befindet sich im voreilenden Teil des Brennraums das leichte „magere" Gemisch, während hinten, im nacheilenden Ende des Brennraums das schwere „fette" Gemisch seinen Platz gefunden hat. Das hat Konsequenzen. Denn das Kraftstoff-Luft-Gemisch brennt nur in einem engen Bereich des Verhältnisses Kraftstof / Luft. Ist es zu „mager", hat es also zu viel Luft und zu wenig Kraftstoff, brennt es nicht. Das kann im vorlaufenden Teil des Brennraumes der Fall sein. Und ist es zu „fett", hat es also zu viel Kraftstff und zu wenig Luft, brennt es auch nicht. Oder nur sehr träge. (Weitere Details dazu siehe oben unter „Brennraum")

Fazit: Kraftstoff-Luft-Gemisch verdichten

Beim Hubkolbenmotor finden wir also im Brennraum unmittelbar vor der Zündung ein gleichmäßig verteiltes, homogenes Kraftstoff-Luft-Gemisch vor. Im Gegensatz dazu ist das Gemisch im Brennraum des Wankelmotors der Dichte nach sehr ungleichmäßig verteilt: vorn in Drehrichtung befindet sich mageres Gemisch, hinten befindet sich schwerer brennbares, fettes Gemisch. Auch wenn es den Begriff der „Schichtladung" gibt – hier ist er nicht gewollt, sondern ergibt sich durch den Zentrifugeneffekt beim Transport des Kraftstoff-Luft-Gemisches im Wankelmotor zwangsläufig. Und weil das systembedingt und nicht änderbar ist, ist es ein massiver Nachteil des Wankel-Prinzips, weil das schwer brennbare „fette" Gemisch relativ langsam und deshalb zum Teil erst im Auspuff verbrennt.

Thermodynamischer Arbeitstakt

Von dem Moment an, in dem der Zündfunke das komprimierte Kraftstoff-Luft-Gemisch angezündet hat und die Flammenfront sich ihren Weg sucht, steigt auch der Druck im Brennraum. Beim Hubkolbenmotor mit seiner gleichmäßigen Gemischverteilung verbrennt das

Gemisch gleichmäßig und schnell. Durch den dabei entstehenden Druck wird der Kolben nach unten getrieben und, noch bevor das Auslaßventil am Ende des Arbeitstaktes öffnet, ist das Gemisch weitestgehend und ziemlich restlos verbrannt.

Im Gegensatz dazu brennt beim Wankelmotor das magere Gemisch im vorlaufenden Teil des Brennraumes eher zögerlich durch, während das fette, schwere Gemisch im nacheilenden hinteren Teil des Brennraums nur sehr träge und langsam verbrennt. Und in dem Moment, in dem der Auslaßkanal geöffnet wird, ist dort der Verbrennungsvorgang noch nicht abgeschlossen – das nach wie vor brennende Gemisch wird durch den Auslaßkanal in den Auspuff gedrückt und brennt dort lustig weiter. Sehr zum Leidwesen der Auspuffanlage, denn die glüht nun feuerrot.

Fazit: Thermodynamischer Arbeitstakt

Ob es uns nun gefällt oder nicht: in Sachen der entscheidenden Hauptfunktion eines Verbrennungsmotors, nämlich der Umwandlung von chemischer in mechanische Energie, die mit einer sehr hohen Gewichtung in die Systemanalysebetrachtung Hubkolbenmotor gegen Wankelmotor eingeht, ist der Wankelmotor eben nur zweiter Sieger. Und zwar mit deutlichem Abstand. Dies ist bedingt durch die äußerst ungünstige Brennraumform, die längeren Brennwege, die größere Brennraumoberfläche, die ungleichmässige Gemischzusammensetzung, die hohe Strömungsgeschwindigkeit des Gasstroms beim Transport durch den Motor, die schlechtere Brennraumabdichtung und die ungünstigere Lage der Zündkerze.

Schon beim Otto-, also Benzin-Viertakt-Motor, ist die Erhöhung des Verdichtungsverhältnisses für einen höheren Wirkungsgrad sehr begrenzt. Erst recht beim Wankelmotor. Ein sinnvoller Dieselmotor ist praktisch auf Grund der Brennraum-Gegenheiten beim Wankelmotor nicht möglich.

Die Möglichkeiten der Brennraumgestaltung als wichtiges Konstruktionselement zur Erhöhung des Wirkungsgrades und aller damit verbundenen Motor-Betriebseigenschaften wie Kraftstoffverbrauch, Abgaszusammensetzung, Abgastemperatur, Leistungsausbeute sind beim Hubkolbenmotor also um etwa 15 – 30 % (je nach Betriebszustand und konstruktiver Ausführung) besser, als beim Wankelmotor.

Zusammengefasst nutzt der Hubkolbenmotor den höheren Anteil der im Kraftstoff enthaltenen chemischen Energie, um diese über Kolben und Pleuel an die Kurbelwelle als mechanische Energie abzugeben.

Auspufftakt und Abgas

Nach dem Öffnen des Auslassventils bei Erreichen des Kolbens im unteren Totpunkt schiebt der wieder in Richtung oberer Totpunkt fahrende Kolben das Abgas vor sich her und drückt es durch das Auslassventil in den Auspuff.

Beim Wankelmotor öffnet die voreilende Kolbenecke den Auslasskanal ebenfalls in der Nähe des größten Hubvolumens und das noch in Verbrennung und unter Druck stehende Gas entweicht in den Auspuff und wird vom sich drehenden Kolben vor sich her geschoben.

Fazit: Auspufftakt und Abgas

Bei der Verbrennung ist das angesaugte Kraftstoff-Luft-Gemisch unter anderem zu Kohlendioxid (CO_2) verbrannt worden. Das ist so gewollt und entspricht dem gewählten Prinzip der Energieumwandlung. Dieses in der Natur weit verbreitete Gas CO_2, das jedes Lebewesen mit einer Lunge ausatmet (ca. 4%), wird vom Laub der Pflanzen und Bäume aufgenommen und dort wieder zu Sauerstoff verarbeitet

(Fotosynthese). So weit – so gut. Das Schlechte ist nur, dass dieses CO_2 heute von Industrie, Verkehrsmitteln und den Lebewesen incl. uns Menschen selbst in immer weiter steigenden Mengen produziert wird, während gleichzeitig die Urwälder weiter und weiter gerodet werden. Mit diesem Mißverhältnis wird die Natur nicht mehr wirklich fertig, sodass die Klimakatastrophe durch den mit der CO_2-Konzentration verbundenen Treibhauseffekt beinahe unausweichlich wird.

Aber neben diesem fast harmlosen Gas CO_2 fallen in sehr geringen Mengen durch nicht restlos vollständige Verbrennung zu CO_2 und H_2O auch bei jedem Motorprinzip geringe Mengen Schadstoffe an. Das sind zunächst Moleküle, die bei der Verbrennung nicht genug Sauerstoff abbekommen haben und deshalb nicht zu CO_2, sondern nur zu CO geworden sind, also Kohlenmonoxid. Und dann sind da auch noch einige wenige Kohlen-Wasserstoff-Moleküle (CH), die nicht genug Sauerstoff abbekommen haben. Und als dritter Schadstoff gibt es noch die am schwierigsten zu beherrschenden Stickoxide (NOx), die in ihrem Anteil sehr stark vom Verbrennungsdruck und der Verbrennungstemperatur im Zylinder abhängig sind. Hoher Druck im Zylinder = hoher NOx-Anteil, niedriger Druck im Zylinder = niedrigerer NOx-Anteil.

Den nicht restlos verbrannten Molekülen CO und CH und ein wenig NOx kann man sehr gut mit einen Kathalysator beikommen, indem man sie nachverbrennt. Das funktioniert mit den NOx Molekülen leider nicht ganz. Beim Hubkolbenmotor, wie wir ihn unter der Motorhaube unserer Benzin-Autos haben, ist die Verbrennung relativ vollständig und der Anteil an NOx ist relativ gering und beherrschbar. Anders ist es bei den Stickoxiden NOx bei Dieselmotoren. Diese entstehen besonders bei hohen Drücken im Motor und das ist beim Diesel der Fall. Dadurch verbraucht ein Diesel zwar weniger und produziert auch weniger CO_2, aber der schwer beherrschbare Anteil an Stickoxiden NOx ist beim Diesel eben auf Grund der hohen Drücke im Zylinder besonders hoch. Der Konstrukteur hat also die

Wahl: entweder die Verdichtung zu reduzieren, was zu höherem Verbrauch und mehr CO_2 führt, aber den Stickoxid-Anteil senkt oder die Verdichtung zu erhöhen, damit Verbrauch und CO_2 zu senken, aber den Stickoxid-Anteil zu erhöhen. Ein Teufelskreis. Wen wundert's da, dass VW und andere diesen Teufelskreis auf ihre Art aufgelöst haben ...

Und wie sehen die Schadstoffe beim Wankelmotor aus? Auf Grund der unvollständigen Verbrennung sind sowohl Kohlenmonoxid CO und auch Kohlenwasserstoffe HC höher als beim 4-Takt-Hubkolbenmotor. Und zwar deutlich. Das gleiche gilt für Kohlendioxid CO_2. Naturgemäß deutlich günstiger als bei Hubkolbenmotoren sind auf Grund der niedrigen Verbrennungsdrücke die Stickoxide NOx.

Insgesamt schneidet der Wankelmotor beim Vergleich der Abgasmenge, der Abgastemperatur und Abgaszusammensetzung schlechter ab als der Hubkolbenmotor. Ausnahme bildet hier der Stickoxid-Anteil NOx.

Reibungsverluste

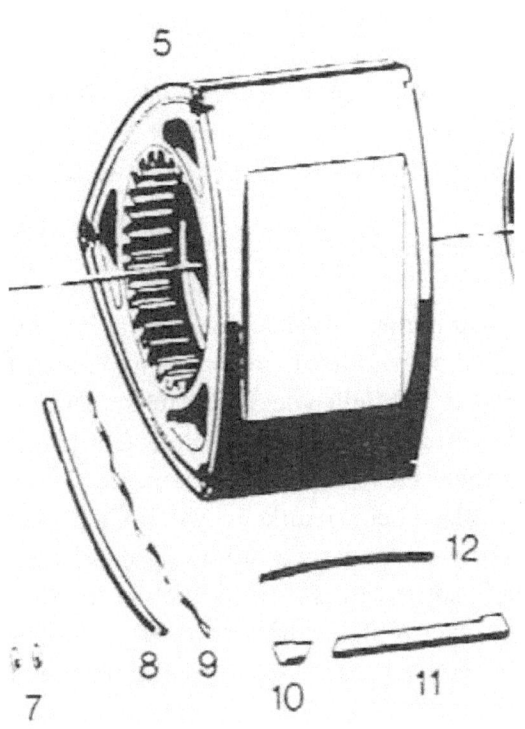

Wankelkolben mit Dichtelementen und Federn für Dichtelemente, Pos. 5: Kolben (auch Läufer genannt) mit Nuten und Bohrungen zur Aufnahme der 18 Dichtelemente: Pos. 7: Dichtbolzen (6x) mit Dichtbolzenfedern (12x), Pos. 8: Bogenleisten (6x), Pos. 9: Bogenleistenfeder (6x), Pos. 10 + 11: Dichtleisten (2-teilig, 3x), Pos. 12: Dichtleistenfeder (3x)

Hier fällt ein Vergleich eher schwer, um nicht Äpfel mit Birnen zu vergleichen. Weil es so schön förderlich für den Wankelmotor ist, wird ein Zweischeiben-Wankelmotor gern mit einem Sechszylinder-Benzin-Hubkolbenmotor verglichen. Das ist jedoch wegen der Anzahl der Arbeitsspiele einerseits nicht korrekt andererseits kann ein Einscheiben-Wankel-Industriemotor (Sachs) nur mit einem Einzylinder-Benzin-Hubkolbenmotor verglichen werden. Deshalb wollen wir uns hier auf die konstruktiven Gegebenheiten der Kolben beschränken, wenngleich sicher z.B. der Ventiltrieb beim Viertaktmotor auch zu den Reibungsverlusten beiträgt.

Beim Wankelmotor sind es vornehmlich die 15 Dichtelemente pro Kolben (3 Dichtleisten, 6 Bogenleisten, 6 Dichtbolzen) und die damit verbundenen 21 Anpressfedern, die die Reibung des Kolbens gegenüber Trochoide und Seitenteilen ausmachen.

Da nehmen sich die ein bis zwei Kolbenringe eines Hubkolbenmotor-Kolbens eher harmlos aus. Zumal sie „nur" mit ihrer eigenen geringen Vorspannung gegen die Zylinderwand gedrückt werden.

Fazit: Reibungsverluste

In Sachen Kolbenreibung (Kolbenringe / Dichtelemente) hat der Wankelmotor die höheren Reibungskräfte zu überwinden. Während die Gesamt-Reibungsbilanz, d.h. zusätzlich der beim Hubkolbenmotor auftretenden Reibungskräfte für Nockenwelle und Ventiltrieb, stark vom Betriebszustand abhängig sind. Die Dichtelemente (Dichtleisten, Bogenleisten, Dichtbolzen beim Wankelmotor; Kolbenringe beim Hubkolbenmotor) werden durch den Verbrennungsdruck gleichermaßen stark gegen die Gehäusewand gedrückt. Wohingegen der Kolben des Hubkolbenmotors bei Volllast stärker gegen die Zylinderwand gepresst wird als bei Leerlast. Diesen Unterschied gibt es beim Wankel nicht.

Kolbenabdichtung

Beim (Einscheiben-) Wankelmotor sind es insgesamt 15 (18 bei 2-teiligen Dichtleisten) Dichtteile, die die Abdichtung des komprimierten Kraftstoff-Luft-Gemisches und während des Arbeitstaktes das heiße, unter hohem Druck stehende Brenngas gegen den Exzenterraum einerseits (Bogenleisten und Dichtbolzen) und gegen die benachbarten Kammern (Dichtleisten) abdichten. Angedrückt werden die Dichtelemente einerseits durch 21 Federn und andererseits durch den

Gasdruck, der im Brennraum herrscht und hinter die Dichtelemente in deren Nuten „kriecht". Eine absolute Dichtheit ist jedoch weder möglich und deshalb auch nicht gegeben.

Im Vergleich zu einem (Einzylinder-) Hubkolbenmotor ist die abzudichtende Strecke von Interesse. Bei einem 300 ccm Wankelmotor beträgt diese ca. 380 mm mit 8 (undichten) Stoßstellen. Bei einem 300 cm^3 Hubkolbenmotor beträgt die abzudichtende Strecke 226 mm mit nur einer (undichten) Stoßstelle.

Fazit: Kolbenabdichtung

Es liegt in der Natur der konstruktiven Gegebenheiten, dass der Brennraum eines Wankelmotors mit der großen Vielzahl von undichten Stoßstellen und der langen abzudichtenden Strecken deutlich mehr Leckverluste zuläßt, als ein runder Kolben mit Kolbenring(en) in einem Zylinder.

Massenausgleich und Vibrationen

Drehende Teile können störende Vibrationen erzeugen, wenn die Massenkräfte nicht voll ausgeglichen sind und wenn die Drehung nicht gleichförmig abläuft. Wir unterscheiden zwischen zwei Arten von Schwingungen. Zum einen handelt es sich um freie Massenkräfte, bedingt durch Unwuchten der drehenden Teile. Zum anderen sprechen wir von Drehschwingungen, bedingt durch Beschleunigen und Verzögern der drehenden Teile im Verlauf der einzelnen Motorfunktionen vom Ansaugen bis zum Ausstoßen des Kraftstoff-Luft-Gemisches.

Massenkräfte lassen sich beim Wankelmotor zu hundert Prozent ausgleichen – seine große Stärke.

Nicht so beim Hubkolbenmotor. Hier sind die konstruktiven Ausgleichsmöglichkeiten der rotierenden (Kurbelwelle) und hin- und hergehenden (Kolben, Pleuel) Teile systembedingt begrenzt. Die Höhe dieser unausgleichbaren Massenkräfte ist u.a. abhängig von der Zylinderzahl. Einzylinder-Motoren vibrieren heftig. Je mehr Zylinder ein Motor hat, um so geringer sind die freien Massenkräfte, d.h. um so geringer sind die Vibrationen. Im Automobil sind die Antriebsaggregate über Schwingungsdämpfer aus Gummi an der Karosserie befestigt. Diese Schwingungsdämpfer eliminieren den größten Teil der Erschütterungen, können aber nicht verhindern, dass ein Rest an Vibrationen bei den Fahrgästen ankommt, was als unkomfortabel empfunden wird. Reicht die Dämpfung durch Schwingungsdämpfer nicht aus, hat der Konstrukteur die Möglichkeit, im Motor eine oder mehrere Ausgleichswelle/n vorzusehen. Diese synchron mit der Kurbelwelle mitlaufenden Welle/n hat ihrerseits Ausgleichsmassen, deren Kräfte gegen die vom Motor erzeugten Massenkräfte gerichtet sind. Hierdurch steigt der Komfort, d.h. die bei den Fahrgästen ankommenden Vibrationen sind geringer.

Die zweite Art der Vibrationen entsteht dadurch, dass die drehenden Teile (Kurbelwelle / Exzenterwelle) nicht gleichförmig, sondern ungleichförmig umlaufen. Diese Ungleichförmigkeit kommt dadurch zustande, dass das Triebwerk beim Verdichten des angesaugten Kraftstoff-Luft-Gemisches verzögert und beim Arbeitstakt beschleunigt wird. Diese Kräfte „stützen" sich am Motorgehäuse ab und werden über die Motoraufhängung an die Karosserie weitergegeben.

Beim Wankelmotor, selbst bei einem Einscheiben-Motor, schließt praktisch ein Arbeitstakt an den anderen an – bei jeder Wellenumdrehung einer. Trotzdem sind, besonders bei niedrigen Drehzahlen, die Drehschwingungen ganz erheblich. Weil sich beim Zwei- und Mehrscheibenmotor diese Drehschwingungen mehr und mehr überlagern, werden sie mit zunehmender Scheibenzahl immer geringer. So waren sie beim NSU Ro 80 im Fahrgastraum praktisch nicht spürbar.

Beim Viertakt-Hubkolbenmotor erfolgt auf zwei Kurbelwellenumdrehungen nur ein Arbeitstakt – und zwar über 180°, also eine halbe

Kurbelwellenumdrehung. Bei einem Einzylindermotor ist deshalb das Drehschwingungsverhalten besonders bei niedrigen Drehzahlen erheblich, wird aber mit zunehmender Zylinderzahl und höherer Drehzahl immer geringer.

Fazit: Massenausgleich und Vibrationen

In diesem Punkt hat der Wankelmotor die Nase eindeutig und ganz deutlich vorn.

Das war jetzt erst einmal wieder genug der puren, trockenen Technik. Deshalb hier wieder eine kleine Geschichte aus der Wankel-Entwicklungsabteilung. Und wie sich das im Markt auswirkt, wird aus der hier folgenden kleinen Geschichte um eine Zwillingsflak deutlich.

Wankel bei der Bundeswehr

Mit lautem Getöse war der Mann mittleren Alters, etwas korpulent, mitsamt seinem Stuhl vor meiner Nase umgefallen. Ich saß in seinem Rücken in einem gangähnlichen Raum bei der Bundeswehr-Erprobungsstelle auf dem Grüneberg oberhalb von Trier. Dort wartete ich auf meinen Gesprächspartner, um mit ihm über die jüngsten Erprobungsergebnisse unseres Wankelmotors KM 48 zu sprechen. Der Mann war einfach am Schreibtisch eingeschlafen und umgefallen. Im Fallen muß er sich dann wohl daran erinnert haben, dass da noch jemand hinter ihm sitzt. Denn, einmal unten angekommen, suchte er intensiv nach einem virtuellen Bleistift, der ihm ja hätte runtergefallen sein können. Nachdem er sich wieder aufgerappelt und die sitzende Haltung eingenommen hatte, erschien dann auch mein Gesprächspartner und bat mich in sein Büro. Es ging um den KM 48, der von der Erprobungsstelle auf Freigabe für eine Rheinmetall Zwillingsflak getestet und zertifiziert werden sollte.

Klauke erklärt den Wankelmotor

Der KM 48 war ein äußerst zuverlässiger und langlebiger Motor. Bei 3000 Umdrehungen, Generatordrehzahl, hatte er eigentlich „das ewige Leben" – wenn da nicht die leidige Ölproblematik gewesen wäre. Ein besonderes Öl? Oder Shell Rotella HD 30? – nicht bei der Bundeswehr! „Wir haben unser standardisiertes Bundeswehr-Öl und damit muss der Motor laufen. Basta. Alle unsere Motoren laufen damit, Ihrer auch. Das ist ein Befehl". Hoffentlich verstand der Motor auch Befehle, denn auf Ölqualitäten reagiert auch der KM 48 manchmal sehr empfindlich. Die Lösung des Problems war dann der Testzyklus. Möglichst häufige Lastwechsel, inklusive Leerlast und Stillstand. Wir wollten die Freigabe, denn wir waren auch im Gespräch mit dem französischen Militär und den englischen Dienststellen.

Man kann geteilter Meinung über die Frage sein, ob man sich für militärische Anwendungen seiner Produkte engagiert oder nicht. Wir hatten uns dafür entschieden, weil eine Bundeswehrfreigabe des KM 48 in Form höherer Preise durchgesetzt werden konnte.

Rheinmetall, als eine der großen deutschen Waffenschmieden, hatte einen Markt für eine 2 cm-Zwillingsflak ausgemacht. Für die elektrische Energieversorgung und als Antrieb für die Richt-Hydraulik benötigte man einen Motor mit ca. 5 PS bei 3000 U/min. Man hatte schon diverse Hubkolbenmotoren erprobt, Zweitakter wie Viertakter, ausnahmslos ohne Erfolg. Im praktischen Einsatz visierte der Schütze das Ziel durch ein fest am Gerät installiertes optisches System, ähnlich einem Fernrohr, an. „Ich sehe immer mehrere Flugzeuge in meiner Optik, obwohl nur eines da ist", sagte der Schütze, „und dann weiß ich nicht, auf welches ich zielen soll". Nicht gut für so ein Geschütz, wenn man wegen der lästigen Vibrationen meistens vorbei schießt. So war es nicht verwunderlich, dass er, der Schütze, hellauf begeistert war, als zum ersten Mal ein vibrationsarmer KM 48 unter seinem Sitz montiert war, „Zum ersten Mal nur noch ein Flugzeug, toll. Den Motor brauchen wir".

Neben der Freigabe durch die BW, siehe oben, hatte Rheinmetall natürlich auch eine eigene Freigabe mit dem dazugehörenden Lastenheft. „Der Motor muss mit dem Handstarter zwischen minus 40°C und plus 40 °C von jedermann, der lesen kann, anhand einer Drillkarte gestartet werden können." Start bei minus 40 °C, nach einer Drillkarte und – ich will mich mal ganz vorsichtig ausdrücken – von jedem x-beliebigen Bundeswehrsoldaten! Der lesen kann! „Bei Munster in der Heide, da haben wir eine Klimakammer. Da geht's los. Sie sind herzlich eingeladen". Siegfried M., mein Werkstattmeister, und ich fanden uns pünktlich vor Ort ein. Die Kältekammer war schon seit 24 Stunden runtergekühlt. Die Flak mit ihren zwei Rohren und den seitlichen Kästen für die Patronengurte mit den 2 cm Patronen stand bedrohlich mitten im Raum, die Rohre schräg nach oben gerichtet. Im Dach konnte man bei Bedarf die Kuppel öffnen, ähnlich einer Sternwarte. Es war

Rheinmetall Maschinenkanone MK 20

mitten im Sommer, ca. 32 °C draußen. In unseren Schneemobilanzügen lief uns schon im Stehen der Schweiß den Rücken herunter, bis wir in die Kälte gingen, um die ersten Startversuche zu machen. Ein Temperatursturz von *immerhin ca. 70 °C – da freut sich der Kreislauf! „1. Startklappe (2) schließen; 2. Tupfer (1) 10 s drücken; 3. Am Startergriff (3) ziehen so oft wiederholen (maximal 10 mal), bis Motor anspringt; 5. Startklappe sofort öffnen ....". So ähnlich las sich die Drillkarte. Und tatsächlich, schon nach wenigen Zügen sprang der Motor an, lief sauber hoch auf seine 3050 U/min – um nach ca. 10 – 15 sec. genauso spontan wieder stehen zu bleiben. „Und was sagt die Drillkarte jetzt?" fragte ich Siegfried M. Selbst vom Spezialisten war der Motor für kein Geld in der Welt, mit oder ohne Drillkarte, zum Leben zu erwecken. „Zerlegen" geht beim KM 48 in wenigen Minuten und zu unserem Erstaunen waren sämtliche Dichtelemente, Leisten, Bogenleisten, Bolzen, in ihren Nuten fest. Festgefroren! „Habt ihr vielleicht Wasser im Tank gehabt?" „Nei-ei-ein, ganz sicher nicht. Auch der Vergaser war sauber". Ja aber, irgendwo muss das Wasser doch herkommen!? Ich kannte Herrn Hütten von Shell, Verfasser der „Motorenbibel" „Schnelle Motoren seziert und frisiert" (ich glaube, das Buch kann man heute noch in der x-ten Auflage kaufen) sehr gut. Sein Büro war im Shell-Zentrallabor in Hamburg und ich hatte seine Telefonnummer in meiner Liste. „Hütten", meldete er sich am anderen Ende der Leitung, „Herr Klauke, wat kann isch för Se don?", Hütten war ein ganz liebenswerter Rheinländer. Nach kurzer Schilderung des Problems kam die Erklärung prompt und überzeugend: „Wir haben jetzt August und ihr verwendet Sommerbenzin. Da ist Wasser drin. Was ihr braucht ist Winterbenzin, da ist Alkohol zugesetzt, das entzieht dem Sprit das Wasser. Ich schicke euch 200 l Winterbenzin per Kurier. Morgen früh ist es bei euch". Keine Frage, dass damit das Problem gelöst war.*

Am nächsten Tag, der Motor ließ sich anstandslos nach Drillkarte starten, sagte Meister Siegfried M.: „Ich war zwar nie bei der Bundeswehr, aber ich würd´ schon gern mal wissen, wie so´ne Kanone funktioniert". Sagt´s – und schwingt sich auf den Sitz. Ein winziger Joy-Stick war zuständig für die Bewegungsabläufe der Kanone. Nach vorn: die Rohre senken sich (im Übrigen bis -5°, damit die Israelis von den Golan-Höhen schräg nach unten auf die im Tal fliegenden feindlichen Tiefflieger schießen konnten). Stick nach hinten, die Rohre richten sich nach oben; Stick nach rech..., weiter kam mein Siegfried nicht. Die Beschleunigung zur Drehung des ganzen Gerätes auf dem Drehschemel war so heftig, dass Siegfried wie von einem bockigen Esel abgeworfen wurde. Der Schneemobilanzug dämpfte den Sturz etwas. „Tschuldigung, hab vergessen zu sagen, dass man den Hebel nur langsam seitlich bewegen darf. Sonst fliegt man runter", sagte der Rheinmetall-Mann.

So bekamen wir auch die Lieferfreigabe von Rheinmetall.

Kostenvergleich 4-Takt-Hubkolbenmotor vs Wankelmotor

Wesentliche Kosten eines Verbrennungsmotors

Wie schon eingangs festgestellt, sind die beiden alles entscheidenden Faktoren für das „Wohl oder Wehe" eines neuen technischen Produktes am Markt die technischen Vor- bzw. Nachteile sowie die Kosten im Vergleich zum bestehenden Produkt. Wenn das neue, innovative Produkt am Markt Erfolg haben will, muß es idealerweise BESSER und BILLIGER sein, als das bestehende am Markt befindliche Produkt. Sind diese beiden Kriterien erfüllt, tut sich das etablierte Marketing und der Vertrieb bei einem vorhandenen Vertriebssystem leicht, das neue Produkt am Markt erfolgreich unterzubringen. (Da gibt es eine wunderbare Definition des Verhältnisses Technik / Verkauf für einen solchen Fall, die ich an dieser Stelle gern loswerden möchte: „Der Ingenieur ist das Kamel, auf dem der Kaufmann durch die Wüste reitet".)

D.h., zunächst darf der Ingenieur ein besseres Produkt machen und dann muß es der Verkäufer zu einem passenden Preis im Markt unterbringen.

Der Idealzustand besser und billiger ist nicht schwarz/weiß zu sehen. Das wäre zu einfach. So hängt es z.B. davon ab, um wieviel das neue Produkt technisch besser ist als das alte. Ist das neue wesentlich besser, kann es durchaus auch teurer sein als das alte. Und die Antwort auf die Frage hängt stark vom jeweiligen Anwendungsgebiet ab. Und auch davon, wieviel die besonderen Eigenschaften dem Anwender wert sind (die sog. Gewichtung). So kam es zur Anwendung eines Wankelmotors bei der Bundeswehr, die in der obigen kleinen Geschichte „Wankel bei der Bundeswehr" beschrieben wurde.

An diesem Beispiel der Anwendung eines weitaus teureren innovativen neuen Produktes (Sachs KM 48) für eine äußerst anspruchsvolle Anwendung (Maschinenkanone) läßt sich erkennen, dass die neue Lösung durchaus teurer sein darf, als der Stand der Technik. Nämlich dann, wenn die neue Lösung für diesen Anwendungsfall um so viel besser ist, als bestehende Lösungen – in diesem Fall besser als Hubkolbenmotoren. Ganz am Rande war der KM 48 ein äußerst gutes Antriebsaggregat, vielleicht der beste Wankelmotor, der jemals gebaut wurde. Seine besonderen Stärken waren seine große Zuverlässigkeit, seine lange Lebendauer, exzellente Startfreudigkeit bei allen Temperaturen, niedriger Kraftstoffverbrauch (hört, hört!) im Vergleich zu anderen Stationärmotoren und natürlich, systembedingt, seine Vibrationsarmut und geringe Geräuschentwicklung.

Auch bei einer weiteren Anwendung konnte dieser Motor seine Vorteile erfolgreich ausspielen. Wenn Straßen gebaut werden, erhalten diese einen Fahrbahnbelag, der bestimmte Materialien und Dicken haben muß. Zur Kontrolle dieser Fahrbahnquerschnitte werden mit Hilfe einer Kernloch-Bohrmaschine zylinderförmige Körper von ca. 15 bis 20 cm Durchmesser aus der Fahrbahn gebohrt, an Hand derer man den Aufbau der Fahrbahn prüfen kann. Als Bohrer wird ein zylinderförmiges Rohr verwendet, das am Ende mit Industriediamanten besetzt ist. Diese Diamanten sind sehr hart und empfindlich. Sie brechen gern aus, wenn der Bohrvorgang nicht sehr sanft, vibrationsarm und gleichmäßig erfolgt. Das kann hervorragend ein Elektromotor. Nur, wo nimmt man irgendwo in der „Pampa" elektrischen Strom her? So bestand auch hier die Lösung des Problems in einem Wankelmotor, auch hier im KM 48. Ebenfalls eine gute, erfolgreiche Anwendung. Auch hier konnte der Motor erheblich teurer sein, als ein Hubkolbenmotor. Nur – die Anwendungen „Zwillingsflak" und „Kernlochbohrmaschine" benötigten pro Jahr ein paar hundert Motoren, beides sind keine Stückzahl-Anwendungen, wie man sie für eine rationelle, rentable Großserien-Fertigung braucht.

Kostenvergleich 4-Takt-Hubkolbenmotor vs Wankelmotor

Kommen wir zurück zum Grundsätzlichen. Und hier zur grundsätzlichen Frage des Kostenvergleichs Wankelmotor / Hubkolbenmotor. Hier unterscheiden wir zwischen den vier wichtigsten Kosten:

- Entwicklungs- und Lizenzkosten,
- Investitionskosten,
- Herstellkosten des Produktes
- Service- und Reparaturkosten.

Wollen wir nicht Äpfel mit Birnen vergleichen, ist ganz entscheidend beim Vergleich der Kostensituation die Frage: Was vergleiche ich eigentlich da mit was? Im Automobilbau ist die Höhe der Lizenzkosten ganz anders als bei Stationärmotoren. Das Gleiche gilt auch bei den Investitionskosten. Besonders komplex wird der Vergleich bei den Herstellkosten. Während man sich im Automobilbau fragt, ob ich einen Zweischeiben Wankelmotor mit einem 4-, oder 6-Zylinder Viertaktmotor vergleiche (am naheliegendsten ist hier der Vergleich 2-Scheiben Wankel vs 4-Zylinder Hubkolbenmotor). Ungleich einfacher ist die Auswahl des Vergleichs bei kleinen Stationärmotoren: 1-Scheiben-Wankel vs 1-Zylinder-Hubkolbenmotor (Zweitakt oder Viertakt?)

Entwicklungs- und Lizenzkosten

Wenn eine Erfindung gut genug ist, kommt sie irgendwann nach der Funktionsmuster- und Prototypenphase in die Entwicklungsphase. Jetzt wird es Ernst. Aus einem Ei, von dem keiner weiß was drin ist, soll zunächst ein Küken und im Verlauf der Entwicklung ein ausgewachsenes Huhn werden, das dann auch Eier – sprich Gewinn – bringen soll.

Im Fall des herkömmlichen Hubkolbenmotors hat sich die Idee seines Erfinders Nikolaus August Otto schon zu vielen verkaufsfähigen Produkt-Familien entwickelt. Und für kommende neue, z.B. Automobil-Weiterentwicklungen, werden – immer auf Basis des Standes der Technik – neue, verbesserte Motoren entwickelt. Der Aufwand ist eher gering, kann man doch immer wieder auf einem soliden Stand der Technik aufbauen.

Und nun kommt jemand mit einer völlig neuen Idee eines Otto-Motors daher: Felix Wankel mit dem Wankelmotor. Und Ernst H. als Manager von Felix Wankel konnte einen Automobilhersteller – NSU in Neckarsulm – für die Wankel'schen Ideen erwärmen. Das war so um 1951. Und aus ersten Prototypen von Drehkolbenmotoren kristallisierte sich das von uns heute als Wankelmotor bekannte Prinzip heraus. Die Entwicklung begann. Bei NSU für Automobile, bei Sachs als Nachfolger der berühmten Sachs-Motoren auf dem Sektor kleiner Stationärmotoren. Weder der eine noch der andere konnte auf irgendwelche Erfahrungswerte zurückgreifen. Für den Wankelmotor gab es eben noch keinen Stand der Technik wie beim Hubkolbenmotor. Und genauso erging es allen anderen Wankel-Lizenznehmern. In einem solchen Fall ist die Einschätzung der Entwicklungskosten nach Zeit und Geld extrem schwierig und nur mit großer Toleranzbreite möglich. Trotzdem machten sich eine ganze Reihe von Unternehmen an die Arbeit, um marktgerechte Wankelmotoren zu entwickeln.

Fazit: Entwicklungs- und Lizenzkosten

Keine Frage: die Entwicklungskosten incl. der Lizenzkosten eines Wankelmotors liegen in der bestehenden Situation ungleich höher – um ein vielfaches höher – als die für einen klassischen Hubkolbenmotor. Bei den Entwicklungs- und Lizenzkosten hat der Hubkolbenmotor mit Abstand die Nase weit vorn.

Investitionskosten

Vor die Produktion eines Verbrennungsmotors in den im Automobil- und Motorenbau üblichen Stückzahl-Größenordnungen hat der liebe Gott die Investition gesetzt. Und in der Dimension nach Größe und Stückzahl wie sie in der Automobil-Industrie üblich ist, sprechen wir hier über Milliarden Euro. Das betrifft, wohlgemerkt, die Gesamtsumme der Investition.

Für die laufende Automobilproduktion sind die Investitionen für die Hubkolbenmotoren des laufenden Produktprogramms über Jahrzehnte getätigt. Für neue Motoren, für Varianten und Weiterentwicklungen bestehender Motoren, fallen i.d.R. nur Zusatz-Investitionen an, die sich in ihrer Höhe eher bescheiden ausnehmen, gegenüber einer völligen Neuinvestition. Betroffen sind hier Gieß-Werkzeuge für Motorgehäuse, Zylinderköpfe, Kleinteile, sowie Stanz-, Zieh-, Kaltpress- und Schmiedewerkzeuge. Ähnliches gilt im übrigen auch für notwendige Zulieferteile wie Kolben, Kolbenringe, Ventile, Lager, Dichtungen, Pleuel, Kurbelwellen ect. Und auch für kpl. Aggregate wie Turbolader, Lichtmaschine, Wasserpumpe, Ölpumpen, ect. Nicht vergessen dürfen wir hier die notwendigen mehr oder minder automatisierten Montagelinien. Das alles hat sich über Jahrzehnte aufgebaut, wird regelmäßig modernisiert, rationalisiert und für neue Varianten ergänzt. Betriebswirtschaftlich stellt dieser Posten einen Teil des Anlagevermögens einer Firma dar.

Ganz anders verhält es sich bei der Einführung eines völlig neuen Motorprinzips wie das des Wankelmotors in eine bestehende Firmenstruktur. Hier ist alles neu, man fängt bei Null an. Bei diesen Investitionen denken wir, je nach Stückzahl, an Beträge in Milliarden-Höhe – früher in DM, heute in EURO. Damit nicht genug, denn wenn die Produktion dieses neuen Motortyps einmal erfolgreich läuft, kommt es bei den bestehenden Fertigungseinrichtungen für Hubkolbenmotoren zu erheblichen Abschreibungen der noch nicht vollständig amortisierten Fertigungseinrichtungen.

Fazit: Investitionskosten

Es ist nachvollziehbar, dass auch im Vergleich der Investitionskosten der bestehende Hubkolbenmotor weit vorn liegt.

Herstellkosten

Herstellkosten sind zunächst einmal alle Material- und Lohnkosten, die zur Herstellung eines Produktes, in unserem Falle eines Motors, aufgewendet werden müssen. Und weil dieses Buch kein Lehrbuch über Betriebswirtschaft sein kann, lassen wir es einfach bei dieser Definition bewenden. Der Einfachheit halber sollen hier nur die wesentlichen Bauteile eines 4-Zylinder-Hubkolbenmotors und eines 2-Scheiben-Wankelmotors betrachtet werde: Kolben und Zylinder eines 4-Takt-Motors bzw. Kolben, Trochoide und Seitenteile eines Wankelmotors.

Am einfachsten herzustellen ist immer eine kreisrunde Bohrung und ein zylindrischer Körper. Ein Hubkolbenmotor ist voll von solchen Bauteilen. In unserem Fall betrifft das die Zylinderbohrungen, sämtliche Lagerbohrungen für Pleuel, Kurbelwelle, Nockenwelle, Ventilsitze, Ventilführungen – kurz alle Bohrungen für Bauteile, die zur Umwandlung der Druckenergie im Zylinder zu mechanischer Energie an der Kurbelwelle erforderlich sind.

Das Gleiche gilt für die zylindrischen Bauteile wie Kolben, Lager der Kurbelwelle und Nockenwelle (außer Nocken), Ventile, Kolbenbolzen, Kolbenringe. Auch für die Herstellung von Gieß-, Schmiede und Stanzwerkzeugen gilt dieser Vorteil der zylindrischen Formen.

Als Markantes sei hier der Kolben mit seinen abdichtenden Kolbenringen verglichen (siehe unten). Bei unserem Vergleichsmotor haben wir 8 (acht), max. 12 (incl. Ölabstreifringe) drehsymetrische Bauteile.

Und die Aufnahmenuten im Kolben sind einfach herzustellende Einstiche im Kolben.

Als Zylinderlaufflächen werden gehonte Grauguß-, verchromte Alu- oder geätzte Alu-Silizium-Laufflächen verwendet.

Alles in allem ist die Anzahl der benötigten Bauteile für einen 4-Zyl.-Vergleichsmotor erheblich.

Bei einem Zweischeibenmotor (Vergleichsmotor zum 4-Zyl-Hubkolbenmotor) erscheint die Anzahl der Bauteile zunächst erheblich kleiner. Doch der Eindruck kann täuschen, wenn man die hochpräzisen kleinen Bauteile zur Abdichtung des Brennraumes mitzählt, die ganz erheblich ist: Alle Dichtelemente, Präzisionsteile, die in engsten Toleranzen hergestellt werden müssen plus die zugehörigen Federn, belaufen sich bei einem 2-Scheiben-Motor auf 78 (achtundsiebzig!) Teile!

Doch damit nicht genug. Auch die Aufnahmenuten und Bohrungen für diese Einzelteile im Kolben sind komplex und müssen in engsten Toleranzen gefertigt werden.

Bleibt noch das zweite kostenbestimmende Bauteil des Wankelmotors: der Mantel, auch Trochoide genannt. In den 60er, 70er Jahren des vorigen Jahrhunderts wurde zur Herstellung dieser acht-förmigen Form eine mit größter Sorgfalt hergestellte Schablone verwendet, unter Berücksichtigung der Übertragungsparameter auf das Werkstück. Heute ließe sich diese 8-Form auch CNC-gesteuert schleifen. Zur Vermeidung der gefürchteten Rattermarken muß die Lauffläche der Dichtleisten galvanisch mit einer Nickelschicht mit eingelagerten Siliziumpartikeln beschichtet werden.

Um alle Gleitflächen des Wankelmotors zu erfassen, müssen auch die Laufflächen der 2 x 2 Seitenteilflächen berücksichtigt werden. Bei NSU waren diese mit Molybdän beschichtet – ein teures Material.

Fazit: Herstellkosten

Trotz der größeren Zahl an Bauteilen eines 4-Zylinder-Hubkolbenmotors verglichen mit der Teilezahl eines Wankelmotors sind in Summe die Herstellkosten des Hubkolbenmotors niedriger als die eines vergleichbaren Wankelmotors. So ist, um den Bogen weiter zu schlagen, bei vergleichbarer Größe (Hubraum, Leistung, Stückzahl) ein 1-Zylinder-Zweitakt-Hubkolbenmotor in den reinen Herstellkosten nach Lohn und Material etwa halb so teuer, wie ein vergleichbarer Wankelmotor. Ein vergleichbarer Viertaktmotor liegt irgendwo dazwischen. Ein praktisches Beispiel: In den 70er Jahren des vorigen Jahrhunderts wurden Rasenmäherherstellern ein etwa 3 PS starker Viertakt-Hubkolbenmotor amerikanischer Bauart für 90 DM am Markt angeboten (Produktionsmenge dieser Motorreihe pro Jahr ca. 8 Mio Stck). Ein vergleichbarer Zweitaktmotor deutscher Bauart kostete ca. 140 DM (Produktionsmenge pro Jahr ca. 50.000 Stck.). Ein entsprechender Wankelmotor deutscher Bauart war für 210 DM zu haben (Produktionsmenge ca. 10.000 Stck/a). Hier macht die Stückzahl den Unterschied. Und alle drei konnten nur eines: Rasen mähen.

Neben dem Vergleich der direkten Herstellkosten spricht noch ein weiterer Punkt für den Hubkolbenmotor: die sog. Erfahrungskurve. Während der laufenden Herstellung eines Produktes, in unserem Fall eines Verbrennungsmotors, fallen am laufenden Band Erkenntnisse an, wie man dieses oder jenes kostengünstiger herstellen oder einkaufen kann. Man sammelt Erfahrung. Ein Daumenwert sagt, dass mit jeder Verdoppelung der produzierten Stückzahl eine Kostensenkung von ca. 5% verbunden ist. D.h., je länger ein Produkt in Serie produziert wird und je häufiger sich seine Stückzahl verdoppelt, um so mehr sinken die Herstellkosten. Auf unseren Vergleich bezogen hat ein Viertakt-Hubkolbenmotor über seine Stückzahl schon mehrfach diese Kostensenkungsprozesse vollzogen, während der Wankelmotor noch ganz am Anfang steht und eher noch von „Kinderkrankheiten" geplagt wird.

Zusammengefaßt läßt sich festhalten, dass auch in Sachen Herstellkosten der Hubkolbenmotor deutlich punktet.

Service- und Reparaturkosten

„Immer für Sie da, wenn Sie uns brauchen. Wir reparieren kompetent und zuverlässig." Dieser Slogan eines großen Elektrogeräteherstellers sagt alles aus, was der Kunde am Markt vom Hersteller und Lieferanten seines Produktes erwartet.

Im Automobilhandel geht man als Daumenwert davon aus, dass der zeitliche Abstand zwischen dem Kunden und seiner Service-Station möglichst nicht größer als 20 min sein sollte. Das ist ein Verkaufsargument und viele kleinere Hersteller mit geringeren Stückzahlen können da nicht mithalten. Ganz zu schweigen von technischen Produkten mit Verbrennungsmotoren, die keine Automobile sind. Wie Rasenmäher oder Stationärmotoren, eingebaut an alle möglichen Einbaugeräte.

Und dieser Halbsatz „... und wenn Sie uns brauchen" beinhaltet, dass der Hersteller erwartet, dass sein Produkt Service und Reparatur brauchen wird.

Seit 1886 gibt es Automobile mit Hubkolbenmotoren. Jeder namhafte Hersteller von motorisierten Fahrzeugen hat in seinen Vertriebsländern ein angemessenes Servicenetz aufgebaut. Über Generationen wurden die Kenntnisse über Hubkolbenmotoren für Service und Reparatur von den Mechanikern weitergegeben. So sind erst recht heute die Service- und Reparaturwerkstätten der Automobilindustrie „kompetent und zuverlässig". Das gilt, soweit es den klassischen Hubkolbenmotor betrifft.

Nun – wir befinden uns etwa Mitte der 60er Jahre – kommt ein kleiner deutscher Automobilhersteller namens NSU (das Kürzel hat nichts mit dem heute bekannten „Nationalsozialistischen Untergrund" zu tun, der war damals noch völlig unbekannt, sondern ist abgeleitet von Flüssen „Neckar" und „Sulm", die auch der Heimatstadt von NSU den Namen „Neckarsulm" gegeben haben) daher und bietet am Markt zunächst einen kleinen Zweisitzer namens „Wankel-Spider" an, wie der Name schon sagt, mit Wankelmotor. Für diese handverlesenen Einzelstücke (2375 Stck in vier Jahren) war Service und Reparatur noch kein Problem.

Anders verhielt es sich da schon beim etwas später (1967) ausgelieferten NSU Ro 80. Das war das Ende der Schonzeit und das Auto mußte sich 1 : 1 am Markt mit seinen Konkurrenten mit herkömmlichen Hubkolbenmotoren messen. Dabei kam, was kommen mußte: ausgelöst durch das unabgesprochene Vorpreschen von Lizenznehmer Curtiss Wright in USA wurde der Marktdruck so groß, dass NSU sich gezwungen sah, einen Ro 80 in den Markt zu geben, dessen Zweischeiben-Wankelmotor noch ein gutes Stück von der Serienreife entfernt war. Ich selbst habe damals mit NSU-Versuchsleuten gesprochen – nein, ihnen war gar nicht wohl beim Gedanken daran, was da auf NSU zukommen konnte. Und weil es bei einem solchen neuartigen jungen Produkt selbst dann noch Risiken gegeben hätte, wenn man zuerst mit einer sehr kleinen Stückzahl den Motor hätte im Markt testen können, kam, was kommen mußte: Es gab reihenweise Motorreklamationen. Reklamationen, mit denen die meist kleinen, mit diesem Motor unerfahrenen Werkstätten nicht fertig wurden. Was dazu führte – Unheil nimm deinen Lauf – dass auch schon bei kleinen Fehlern an Zündung oder Vergaser komplette Motoren reihenweise ausgetauscht wurden. Die Werkstätten, der Service, die Reparaturen waren weder kompetent noch zuverlässig.

Dass dieses Marktgeschehen für das kleine Werk teuer kam, war dabei noch das kleinere Übel. Viel schlimmer wog der Umstand, dass der Ruf des Motorprinzips „Wankel" restlos und nachhaltig zerstört wurde. Und wer so etwas jemals am Markt erlebt hat, weiß, dass es dagegen keine Rettung gibt. Was man am schwersten wiederfinden kann, wenn man es verloren hat: Vertrauen! Die Stückzahlen des NSU Ro 80 fielen auf Grund dieser Reklamationswelle dramatisch.

Fazit: Service- und Reparaturkosten

Eindeutiger Gewinner ist auch in dieser Sparte der allseits bekannte Hubkolbenmotor.

Zusammenfassung Kostenvergleich 4-Takt-Hubkolbenmotor vs Wankelmotor

In allen Disziplinen in Sachen Kostenvergleich liegt der Viertakt-Hubkolbenmotor mit Abstand vorn. Das trifft sowohl für die Lizenzkosten, die Entwicklungskosten, die Investitionen, die Herstellkosten, als auch für die Service- und Reparaturkosten zu.

Im Sinne unserer für den Markterfolg notwendigen Voraussetzung nach BESSER und BILLIGER bedeutet das aber in der Startphase des Wankelmotors, dass er erhebliche technische Vorteile mitbringen müßte, um erfolgreich zu sein. Und – war das so?

Für den Vorstand eines Automobil/Motorenherstellers bedeutet die Entscheidung für oder wider ein völlig neues Motorprinzip wie den Wankelmotor eine Flut an Informationsbedarf. Informationen technischer und wirtschaftlicher Art. Erst nach Auswertung und Diskussion aller Zahlen und Für und Wider wird ein verantwortungsbewußter Vorstand entscheiden. Da ist es nicht verwunderlich, dass bei der Berücksichtigung von Entwicklungs-, Lizenz- und Investitionskosten ein verantwortungsbewußter Vorstand die Weichen erst einmal auf „abwarten" und „beobachten" stellt. Dazu war und ist das Konzept „Wankelmotor" zu wenig tragfähig, zu teuer und betriebswirtschaftlich zu abenteuerlich. Und wenn selbst der ansonsten für technische Innovationen rund ums Automobil mehr als aufgeschlossene

Ferdinand Piech massive Vorbehalte gegen den Wankelmotor hatte, kann niemand auf der Welt irgend einem Automobilhersteller Angst vor dem Neuen oder gar Mutlosigkeit vorwerfen, wie dies in der vorliegenden Literatur über den Wankelmotor gern und immer wieder gemacht wird. Die Leute in der Industrie haben schlicht eins und eins zusammengezählt und festgestellt, dass die Rechnung „besser und billiger" als der Stand der Technik weder in Sachen Technik noch in Sachen Kosten aufgeht. Das war der Grund für die Ablehnung des Wankelmotors, nicht die zitierte Mutlosigkeit.

Und noch einmal die Bundeswehr.
Der General und die Hercules W 2000

Manchmal erfordert es das Geschäft, dass man seinen Kunden etwas Besonderes bieten muß. Das gilt auch dann, wenn der Kunde die Bundeswehr ist. "Wie wär`s mit einem unterfränkischen Präsentkorb zu Weihnachten?" "Nein, das geht nicht, das sähe nach Bestechung aus." "Das sind doch alles sportliche Leute, die wir für unsere Wankelmotoren interessieren wollen. Warum organisieren wir nicht eine Motorrad-Ausfahrt mit lauter Hercules W 2000?" "Ok, wenn denn die Herren den Motorradführerschein haben?!" "Zwei Generäle sollen das sein? Dann muß unsere Firma aber auch durch unseren Vorstand, H. Kronauer, vertreten sein."

Irgendwann war dann der Tag der Tage gekommen. Die "sportlichen Leute", zwei Generäle an der Altersgrenze zum Ruhestand, sehr nett und freundlich, hatten ihre Motorradutensilien dabei. Aber auch schon in den siebziger Jahren wirkte Motorradkleidung aus den 50ern etwas antiquiert. "Ja, Herr General, was ist denn das für ein „V" in all ihren Kleidungsstücken?" „Ach das, ja das ist wegen meinem Sohn. Der nimmt doch einfach immer meine Sachen, wenn er Motorrad fahren will. Aber nicht mit mir! Jetzt habe ich überall ein „V" wie „Vater" rein gemacht. Jetzt ist Ruhe." V wie Vater!

Unter die Wankel-Phalanx hatte sich auch ein Hercules-Prototyp mit 2-Zylinder-Zweitakt-Motor gemischt, gefahren vom technischen Leiter Klaus W.. Ihn, der eigentlich und zugegebenermaßen nicht gern Motorrad fuhr, hatte man verdonnert, auch mitzufahren.

Und so setzte sich die Kolonne nach dem obligatorischen Mittagessen im Sachs-Gästehaus zunächst gemächlich von Schweinfurt aus in Richtung Bad Kissingen in Bewegung, mit Ziel Schloss Saaleck bei Hammelburg. Dort sollte Rast gemacht werden. Ich hielt mich mal vorne im Geleitzug auf, mal hinten, um zu schauen, dass sich die Schlange von 12 Motorrädern bei der unterschiedlichen Qualifikation der einzelnen Fahrer nicht zu sehr in die

Länge zog. Das Wetter war an diesem Tag durchwachsen. Es hatte vormittags geregnet, jetzt waren die Fahrspuren trocken, die Fahrbahnmitte und Ränder waren noch feucht.

Startklar für die Tour. Rechts Vorstand Erich Kronauer

Habe ich mich verzählt oder fehlen da tatsächlich zwei? Nochmal nach vorne und zählen. Tatsächlich, wir sind nur noch 10. Also zurück und schau`n, wo die Nummer 11 und 12 ist. Und nach wenigen 100 Metern sehe ich dann auch schon eine W 2000 am Straßenrand stehen – ohne Fahrer. Denn der bemüht sich um Klaus W., der mit der Zweizylinder, die mitten in einer langgezogenen Linkskurve irgendwo im Gebüsch liegt. Klaus W. sitzt noch etwas benommen auf der Uferböschung. Auch ich stelle meine W 2000 ab, und als ich näher komme ... "Ist alles in Ordnung, Herr W.?" frage ich. „Jaja, ich bin seitlich auf den feuchten Streifen gekommen und dann ist es halt passiert. Aber es ist nicht so schlimm, weil ..." „Sagen Sie mal, warum sind Sie denn heute so dick und unförmig in Ihrem Motorradanzug?" will ich wissen. „... das will ich ja gerade sagen. Ich habe mir den Anzug voll Putzwolle gestopft, für alle Fälle, als Polsterung. Und Sie haben ja gesehen, es hat geholfen". Und den Tankrucksack hatte er sich auch noch mit Putzwolle aufpolstern lassen, als Schutz für die besonders wertvollen Körperteile! Das kommt dabei heraus, wenn man jemand, der eigentlich Angst vor'm Motorradfahren hat, zum Fahren verdonnert. Er wäre besser – und auch lieber – zu Hause geblieben. „Ist ja noch mal gut gegangen", aber es hätte auch voll in`s Auge gehen können! Mit einiger Verspätung erreichten wir dann doch noch Schloss Saaleck – die Ausfahrt erwies sich als voller Erfolg. Das fanden auch die beiden Generäle – mit und ohne „V" in der Kleidung – vom Bundeswehrbeschaffungsamt in Koblenz.

Und die Zulassung unseres Wankelmotors KM 48 haben wir – sicher nicht wegen der Motorradausfahrt – auch bekommen. Und auch die von Rheinmetall. Die Zwillingsflak wurde ein voller Erfolg für alle Beteiligten.

Wertung der Erfindung „Wankelmotor"

Nachher ist man immer schlauer. So tut man sich aus heutiger Sicht und in Kenntnis der Entwicklung des Automobilantriebs der letzten Jahrzehnte vor dem Hintergrund der Anforderungen der Märkte und des Umweltschutzes leicht, ein Urteil zu fällen. Aber genau diese Entwicklung ist es, die vieles, ja alles, über das Wohl oder Wehe des Wankelmotors erklärt.

Die Zeiten ändern sich

> Leonardo da Vinci:
> *Die Wahrheit ist immer nur eine Tochter der Zeit*

In den 50er Jahren, also zum Zeitpunkt des Beginns der Entwicklung des Wankelmotors bei NSU, spielten Argumente wie „Abgasmenge und -zusammensetzung / Schadstoffe im Abgas" keine nennenswerte Rolle. Ja selbst der Kraftstoffverbrauch (CO_2) hatte nicht annähernd den Stellenwert wie heute. Es gab keine gesetzlichen Vorschriften oder Grenzwerte für CO (Kohlenmonoxid), HC (Kohlenwasserstoffe), NOx (Stickoxide), Partikel. Und noch spielte auch die Menge des ausgestoßenen Klimagases CO_2 (Kohlendioxid) keine Rolle. DKW (heute AUDI) und viele andere Automobilhersteller verwendeten in ihren Autos noch Zweitaktmotoren, deren Wirkungsgrad noch einmal schlechter war als der des Wankelmotors. Insofern war Wankels Erfindung eine großartige Sache – damals! Und die ansehnliche Reihe der Lizenznehmer honorierte ihm (und auch NSU) seine Erfindung durch hoch dotierte Lizenzverträge. Wankel selbst, dem vertraglich ca. die Hälfte der Lizenzeinnahmen zustanden, ist dadurch noch zu

Lebzeiten zum wohlhabenden Mann geworden. Das ist eher selten bei Erfindern und ihren Erfindungen.

Wenn da nicht die zeitliche Entwicklung gewesen wäre. Denn die zielte genau dorthin, wo der Wankelmotor seine Schwächen hat. Schadstoff-Limitierung, Marktforderungen nach immer niedrigerem Kraftstoffverbrauch, Ölkrise 1973 – alles sprach in seiner Entwicklung gegen den Wankelmotor. Es begann genau die kritische Zeit für den Wankelmotor. Und sie setzte sich bis zum heutigen Tag fort. So konnte er die geforderten niedrigeren CO_2-Werte auf Grund des sich abzeichnenden Klimawandels prinzipbedingt schlechter erreichen als der Vier-Takt-Hubkolbenmotor. In all diesen Punkten hätte sich der Wankelmotor extrem schwer getan, seinem Konkurrenten Paroli zu bieten. Und das alles wegen des prinzipbedingten schlechteren Wirkungsgrades bei Verwendung flüssiger Kraftstoffe. So versperrte sich der Weg zum Wankelmotor seit Anfang der 70er Jahre mehr und mehr. Die Industrie ging dazu über, alte Stärken des herkömmlichen Viertakt-Hubkolbenmotors neu zu entdecken und auszubauen.

Was in der Öffentlichkeit an Vorurteilen und Meinungen zum Wankelmotor übrig geblieben ist, lernte ich kürzlich beim Besuch eines Museums, das auch Wankelmotoren zeigte, einmal mehr kennen. Besuchermeinungen: „Nein, es waren die Dichtleisten, die nicht hielten. Und die Rattermarken ....." Oder „Er wurde zu heiß, die Wärme war es, die man nicht beherrschen konnte ...." Köstlich! Ich habe in mich hinein geschmunzelt. Denn alle diese Dinge waren und sind technisch gelöst und beherrschbar. Das einzige heute noch mit einem Wankelmotor ausgestattete Automibil von Mazda beweist es nachhaltig.

Die Vorausschau der Insider

Wie wir sehen konnten ist gerade der Wirkungsgrad des Wankelmotors systembedingt schlechter als der des Hubkolbenmotors. Ursache ist im Wesentlichen die ungünstige Brennraumform sowie der Zentrifugeneffekt beim Transport des Frischgases durch den Motor mit all ihren detaillierten Einzeleinflüssen. Schlechterer Wirkungsgrad bedeutet in diesem Fall höheren Kraftstoffverbrauch, mehr Schadstoffe, höhere Abgastemperatur, mehr Abgas. Echte Insider mit Weitblick und Horizont für zukünftige Entwicklungen erkannten schon in den 60er und erst recht in den 70er Jahren, wo der Zug des Automobilantriebs hinfährt. Und so war es nicht verwunderlich, dass er ohne den Wankelmotor abfuhr. Und statt dessen auf den bekannten und – was die Umwandlung von chemischer Energie (Benzin) in mechanische Energie (Drehmoment und Leistung) betraf – unterm Strich besseren Viertakt-Hubkolben-Benzinmotor setzten. Einer dieser vorausschauenden Skeptiker war Ferdinand Piech, Enkelsohn von Ferry Porsche, vielleicht der größte und erfolgreichste Automobilmann des vergangenen Jahrhunderts – weltweit. Und vorausschauend wie er war, hat er sich nie mit dem Wankelmotor anfreunden können.

Betrachtet man die technischen Nachteile des Wankelmotors gegenüber dem Hubkolbenmotor vor dem Hintergrund der einzelnen Kostenpositionen, die mit einer umfassenden Einführung des Wankelmotors ersatzweise für die etablierten Hubkolbenmotoren angefallen wären, wird die Entscheidung der großen Automobilhersteller gegen den Wankelmotor noch verständlicher. Seien es die Entwicklungskosten, Investitionskosten, Kosten für den weltweiten Service-Aufbau – alle diese Kosten standen gegen ein ernsthaftes Engagement für den Wankelmotor. Schlussendlich hat die Geschichte den damaligen Entscheidern Recht gegeben, Zurückhaltung gegenüber dem revolutionären Motorprinzip zu üben.

Felix Wankels Vision

Hätte es auch anders kommen können? Das, was wir als „Wankelmotor" kennen, ist das von NSU Anfang der 50er Jahre ausgewählte, einfache Konzept eines Kreiskolbenmotors. Dabei gab es eine sehr große Anzahl von anderen Rotationskolbenmotoren. Wankels Aussage in Richtung NSU „... ihr habt aus meinem Rennpferd einen Ackergaul gemacht ..." zeigt deutlich, dass Felix Wankel ganz und gar nicht mit der Auswahl ausgerechnet dieses Motorprinzips einverstanden war. Ihm als Erfinder schwebte etwas ganz anderes vor: ein Zwischending zwischen Hubkolbenmotor und Turbine. Wie z.B. der Drehkolbenmotor mit bis zu 30.000 Umdrehungen pro Minute. Dabei wollte er dem besseren Wirkungsgrad der Turbine nahe kommen und gleichzeitig den Hubkolbenmotor durch Vibrationsarmut und turbinenähnlichen Lauf übertreffen. Ein hoch gestecktes, erfinderisches Ziel! Möglicherweise hätte die Wankel-Welt, die Wankel-Geschichte, dann ganz anders ausgesehen, hätte er dieses Ziel erreicht. Vielleicht – aber auch das ist Spekulation!

Epilog

Automobile Mobilität und Klimawandel

Mit der Mobilität durch das per Motor angetriebene Fahrzeug haben die Erfinder in der Vergangenheit etwas in die Welt gesetzt, was sich die Menschheit nicht mehr nehmen lassen wird. Individuelle Mobilität wie wir sie heute kennen, ist fester Bestandteil unserer modernen Welt.

Fakt ist, dass uns der Verbrennungsmotor im Automobil über mehr als 100 Jahre diese individuelle Mobilität ermöglicht hat. Heute, 130 Jahre nach der Erfindung des Automobils, steht der Antrieb durch Verbrennungsmotoren in der Kritik und – möglicherweise am Scheideweg. Und das, obwohl das Auto nur mit relativ geringem Anteil an der Erzeugung des Klimagases CO_2 beteiligt ist. So verbietet der sich abzeichnende Klimawandel eigentlich fast jegliche Art von Energieerzeugung durch Verbrennung von kohlenstoffhaltigen Brennstoffen.

Zukunftsperspektiven

Gelöst werden könnte dieser Widerspruch durch die Brennstoffzelle, die aus Wasserstoff an Bord des Autos elektrischen Strom macht. Und sie ist für alle Verkehrsträger im Straßenverkehr anwendbar – also auch für LKW und Busse. Und das ohne im Fahrbetrieb ein Gramm an CO_2 zu erzeugen. Wäre es da nicht eher sinnvoller, sich gleich auf das Brennstoffzellen-Auto zu konzentrieren?

Alternative Fahrzeugantriebe

Hybrid-Antrieb als Antriebskonzept für die Zukunft? Oder doch der rein elektrische Antrieb mit Batterien als Energiespeicher? Oder vielleicht doch eher die Erzeugung der notwendigen elektrischen Energie in der Brennstoffzelle? Oder könnte es sein, dass wir doch noch viel länger unsere Autos mit den guten alten Verbrennungsmotoren antreiben, als wir heute denken? Z.B. mit Wasserstoff als Energieträger, verbrannt in klassischen Verbrennungsmotoren? Das wäre CO_2-neutral, weil als Abfallprodukt aus dem Auspuff nur reiner Wasserdampf austreten würde. Und plötzlich hätte auch der Wankelmotor wieder eine Chance. Denn mit Wasserstoff entfallen die meisten der in diesem Buch beschriebenen technischen Nachteile bei der Verbrennung gegenüber dem Hubkolben-Viertakt-Benzinmotor. An all diesen neuen technischen Lösungen wird weltweit mehr oder weniger intensiv gearbeitet. Und erfunden.

Was also wird das Antriebskonzept für das Automobil der Zukunft sein? Alle Aussagen liefen auf eine Prognose für die nächsten Jahrzehnte hinaus. Und was Prognosen Wert sind, haben wir zu Anfang dieses Buches gesehen.

Nicht alle Inhaber von Fotos konnten ermittelt werden. Sie werden gebeten, eventuelle Ansprüche geltend zu machen.

www.ingramcontent.com/pod-product-compliance
Lightning Source LLC
Chambersburg PA
CBHW070309230526
45470CB00002B/786